LUTZ VON ROSENSTIEL • ALEXANDER KIRSCH

PSYCHOLOGIE DER WERBUNG

Telefon (0 80 31) 4 30 11, Telefax (0 80 31) 4 19 10
Total überarbeitete Neuauflage Frühjahr 1996

Papier: EURO ART®, matt, 135 g/m²
der PWA Grafische Papiere GmbH, 83064 Raubling

Gesamtherstellung: Strobl Druck- und Verlags GmbH, Amberg

ISBN Nr. 3-9804522-0-4

LUTZ VON ROSENSTIEL
ALEXANDER KIRSCH

# Psychologie der Werbung

KOMAR-VERLAG • ROSENHEIM

# INHALTSVERZEICHNIS

# Vorwort

Dieses Buch soll einen praxisbezogenen Überblick über die psychologischen Konzepte und Methoden geben, die für die Gestaltung und Beurteilung von Werbemaßnahmen besonders wichtig sind. Dazu ist das Buch in zwei Hauptteile gegliedert: Im ersten Teil wird eine allgemeine Einführung in die Welt der Psychologie gegeben. Die grundsätzlichen Felder und Methoden der Psychologie werden dabei selbstverständlich immer unter dem Blickwinkel ihrer Bedeutung für die Werbung betrachtet. Im zweiten Teil wird dann gezeigt, was die Wissenschaft Psychologie im einzelnen beitragen kann, um die Gestaltung von Werbung zu verbessern. Dazu erhält der Leser anhand von Beispielen Einblick in bestimmte psychologische Theorien, um darauf aufbauend beurteilen zu können, welche Folgerungen für die Verbesserung von Werbung aus den Erkenntnissen gezogen werden können. Im Laufe der Erörterungen werden auch die jeweils relevanten psychologischen Fachbegriffe vorgestellt.

# Danksagung

Unser besonderer Dank gilt den Unternehmen und Werbeagenturen, die uns die Verwendung ihrer Werbemittel als Anschauungsmaterial in diesem Buch genehmigt haben. Dabei möchten wir auch die Offenheit jener Firmen hervorheben, deren Anzeigen wir eher kritisch beurteilen mußten.
Besonders möchten wir den Mitarbeitern des Komar Verlags danken, die nicht nur für eine reibungslose technische Abwicklung gesorgt haben, sondern auch die betroffenen Unternehmen von einer Freigabe überzeugen konnten.

# Teil I:

# Grundlegung

# 1. WERBUNG WIRKT

Im ersten Kapitel soll zunächst untersucht werden, ob und wie Werbung wirkt. Dabei wird sich zeigen, daß Werbung nur wirken kann, wenn sie das Erleben und Verhalten von Menschen - also genau das, was die Psychologie untersucht - beeinflußt.
Es soll an dieser Stelle besonders auf den Punkt 1.3. hingewiesen werden, denn die Beeinflussung von Menschen durch die Werbung ist immer auch ein mehr oder weniger großer Angriff auf die Selbstbestimmung des einzelnen. Mithin ist Werbepsychologie also ein Thema, bei dem man nicht nur über psychologische Techniken zur effektiveren Beeinflussung von Konsumenten nachdenken sollte, sondern auch danach fragen muß, ob und welche schädlichen Wirkungen von der Werbung auf die Psyche des Menschen ausgehen. Als Werbetreibender muß man sich die Frage gefallen lassen, ob man bestimmte Formen von Werbung verantworten kann. Doch gehen wir der Reihe nach vor.

## 1.1. Werbung wirkt auf das Erleben und Verhalten von Menschen

*Dieses Kapitel*
- rekonstruiert die wichtigsten Gründe für den Einsatz von Werbung,
- stellt beispielhaft dar, daß Werbeinvestitionen sich keineswegs immer als Vorteil für den Werbetreibenden erweisen und
- betont die Unterscheidung zwischen den Gründen für Werbung und ihrer Wirkung. Letztere geht über das Erleben und Verhalten von Menschen.

Wenn man heutzutage den Briefkasten öffnet, eine Zeitung aufschlägt, das Fernsehgerät anschaltet, eine Sportveranstaltung besucht, ja sogar schon beim Blick in ein Theaterprogramm: Überall begegnen sie uns, die Verheißungen von besonderer Fahrfreude, weißer Wäsche, mehr Erfolg beim anderen Geschlecht, weniger Hautunreinheiten und noch einiger anderer Errungenschaften, auf die die Industrie stolz ist. Angesichts einer wahren Überflutung des einzelnen mit Werbung in immer mehr Lebensbereichen drängt sich die Frage auf, was Firmen und andere Institutionen dazu bewegt, Milliarden von D-Mark[1] in Aktivitäten zu stecken, die von den Adressaten häufig nicht einmal wahrgenommen werden. (Nach einer Studie von Kroeber-Riel werden von der gesamten Information, die in Massenmedien dargeboten wird, gerade einmal ca. 2% von den Empfängern aufgenommen.[2])

**Was sich Unternehmen von der Werbung versprechen...**

Die Gründe für den Einsatz von Werbung scheinen klar. Die beworbenen Produkte sollen verkauft werden. Bei genauerem Hinsehen erweist sich diese Sicht jedoch als verengt. Zwar werden die zweifellos umfangreichsten Aktivitäten in Sachen Werbung von privaten Firmen unternommen, die ganz offensichtlich Produkte verkaufen wollen.

Nicht selten jedoch werden neben Verkaufszielen Nebenziele verfolgt, die auch mal zu Hauptzielen für Werbekampagnen werden können: Werbung soll dabei helfen, einen Firmen- oder Markennamen allgemein bekannter zu machen, sie soll zeigen, daß eine Firma auf einem bestimmten Gebiet eine spezifische Kompetenz hat, sie soll für Sympathie werben, einen Arbeitgeber für potentielle Mitarbeiter attraktiv machen, Engagement für Umweltfragen dokumentieren und vieles andere mehr.

Erwähnung verdienen auch die vielen nicht-kommerziellen Betreiber von Werbung, allen voran politische Organisationen, aber auch Kirchen, Bildungseinrichtungen, Vereine und die "Gegenaufklärer" zur kommerziellen Werbung, die Verbraucherverbände.

---

[1] Gesamte Werbeaufwendungen in Deutschland 1993: 48,8 Mrd. DM. Vgl. ZAW (1994), S. 7.

[2] Vgl. Kroeber-Riel (1987).

**... aber nicht immer bekommen**

Immer mehr Organisationen vertrauen auf Werbung als Hilfe, um ihre jeweiligen Ziele zu verfolgen. Der Erfolg stellt sich jedoch leider nicht automatisch ein:

- Da die Kommunikation über Werbung indirekt stattfindet, erhält der Werbetreibende, anders als etwa bei einem persönlichen Gespräch, *keine Rückkopplung* von den Empfängern. Dadurch kann es leicht geschehen, daß die Empfänger die Werbebotschaft ganz anders wahrnehmen, als sie von den Absendern gemeint war. Z. B. wollte die F.D.P. im Landtagswahlkampf Sachsen-Anhalt 1994 mit dem Werbeslogan "Partei der Besserverdienenden" die Kompetenz der F.D.P. in der erfolgreichen Handhabung von Wirtschaftsproblemen untermauern. Tatsächlich aber weckte sie damit eher Assoziationen an "Einheitsgewinnler", Sozialneid, Steuerhinterziehung.

- Auch Werbung, die in der Richtung wirkt, die der Anbieter intendiert hat, kann zu einem "Verlustgeschäft" werden. Da Werbung in der Regel recht *hohe Kosten* verursacht, muß ihre Wirkung groß genug sein, die Verkäufe so zu steigern, daß der *zusätzliche Verkaufserlös* (abzüglich der mit höheren Verkäufen in der Regel verbundenen höheren Produktionskosten) ausreicht, die Werbeausgaben zu decken. Aus diesem Sachverhalt darf nicht die Konsequenz gezogen werden, am Kostenfaktor "Werbung" zu sparen. Wer die psychischen Prozesse der Wahrnehmung und des Lernens kennt, weiß, daß eine gezielte Erhöhung des Werbeaufwandes, etwa zur Wiederholung von Werbespots, die Wirksamkeit von Werbung überproportional erhöhen kann.

Diese Problembereiche der Werbung weisen darauf hin, wie wichtig es ist, begrenzte finanzielle Mittel für Werbezwecke wirksam einzusetzen. Wenn dies gelingt, kann Werbung einen bedeutenden Beitrag leisten, die Marktposition eines Unternehmens zu festigen und auszubauen.

**Der Wirkungszusammenhang von Werbung**

Um Werbung wirksam gestalten zu können, muß man sich zuerst über die grundsätzlichen Wirkungszusammenhänge von Werbung klar werden. Hinter globalen Werbezielen "steigenden Verkaufszahlen", "51 + X Prozent Wählerstimmen" oder "Rückgang der Aids-Erkrankungen" steht menschliches Verhalten, sei es eine Kaufhandlung, das Ankreuzen auf einem Wahlzettel, die Benutzung von Kondomen oder ein anderes Verhalten.

Es muß jedoch weiter gefragt werden, wodurch wiederum das Verhalten beeinflußt wird. Hier gibt es zum einen situative Bedingungen. Das individuelle Einkommen etwa ist eine situative Bedingung, die Verhaltensmöglichkeiten begrenzt. Bestimmte teure Käufe läßt ein niedriges Einkommen einfach nicht zu. Zum anderen gibt es aber auch Verhaltensbedingungen, die eher in der Person zu suchen sind. Diese personenbezogenen Bedingungen, die zur Entscheidung zu einer bestimmten Handlung führen, können grob unter dem Begriff "Erleben" gefaßt werden.

Vor dem Kaufverhalten stehen folgende Prozesse des Erlebens, auf die die Werbung direkt einwirken kann:

1. Die Werbung muß zunächst von den Empfängern überhaupt *beachtet* werden,
2. die Empfänger dürfen die beachtete Botschaft dann auch nicht wieder *vergessen,*
3. sie müssen eine *positive Einstellung* zu dem zu kaufenden Produkt entwickeln,
4. sie müssen genügend *"Energie"* aufbringen, sich für das Produkt auch wirklich zu interessieren und
5. sie müssen schließlich in mehr oder weniger extensiver Weise die *Entscheidung* fällen, das Produkt tatsächlich zu kaufen.

Nicht zufällig ergeben diese Prozesse in der Person genau die Gliederung des zweiten Teils dieses Buches, in dem es um die psychologisch relevanten Prozesse für die Werbung geht. Es gibt keine Werbewirkung, die nicht durch das "Nadelöhr" des menschlichen Erlebens und Verhaltens geht. Wer Werbewirkung nur in Kategorien wie Werbebudgets und Verkaufszahlen erfassen will, verkennt, daß es immer Menschen sind, die die Entscheidung für ein Produkt, für eine Wählerstimme etc. treffen. Werbung von Computer zu Computer ohne menschliches Erleben und Verhalten gibt es nicht und ist bereits von der Idee her unsinnig.

## 1.2. Wirksame Werbung wird immer wichtiger

*Dieses Kapitel*

- zeichnet allgemeine Trends nach, die den Einsatz von Werbung begünstigen, aber zugleich auch schwerer machen,
- relativiert dabei aber die Bedeutung der Werbung als ein verzahntes Instrument im Rahmen des Marketing-Mix.

Leider erscheint es nicht gerade einfacher zu werden, mit Werbung den gewünschten Erfolg zu erzielen. Durch eine zunehmende Sättigung auf immer mehr Märkten wird Werbung als Verkaufshilfe immer wichtiger. Da dies aber in der Regel nicht nur vom eigenen Unternehmen, sondern auch von der Konkurrenz erkannt wird, wird es gleichzeitig immer schwieriger, sich in den "Werbeschlachten" zu behaupten.

**Marktentwicklungen und ihre Bedeutung für die Werbung**

Ob sich tatsächlich das Spannungsfeld zwischen zunehmender Notwendigkeit für Werbung auf der einen und zunehmender Schwierigkeit, die eigene Position in der Werbung deutlich zu machen, auf der anderen Seite aufbaut, läßt sich besser beurteilen, wenn wir konkret die Trends untersuchen, die für diese Situation verantwortlich zu machen sind:

1) Geringes Marktwachstum führt zu *Verdrängungswettbewerb:* Wenn das Volumen des Gesamtmarktes nicht mehr wächst, ist größeres Wachstum nur durch Verdrängung von Konkurrenten möglich.

2) Hohe technische Reife der Produkte erschwert die *Differenzierung* von Produkten: Mit zunehmender Erfahrung in Produktion und Weiterentwicklung sind die Produkte vieler Branchen alle auf einem so hohen technischen Stand, daß sie ihre Grundfunktionen problemlos erfüllen. Nur noch geringe technische Verbesserungen sind möglich. Am eigenen Produkt können nur noch minimale Qualitätsunterschiede zur Konkurrenz herausgestellt werden. Die Produkte werden letztlich austauschbar.

3) Geringes Kaufrisiko vermindert das *Interesse* der Konsumenten: Wenn die in Frage kommenden Produkte sich nur geringfügig unterscheiden und alle den Grundnutzen für den Konsumenten bereitstellen, besteht nur noch ein geringes Risiko, einen "Fehlkauf" zu tätigen. Aufgrund des verminderten Risikos läßt auch das Interesse nach, sich Informationen über einzelne Produkte zuzuwenden.

Der Leser möge für "seinen eigenen" Markt abschätzen, ob diese oder ähnliche Trends Gültigkeit haben. Ist dies jedoch der Fall, kann der Einsatz von Werbung einen Beitrag leisten,

ad 1) den eigenen Marktanteil auszubauen,
ad 2) das eigene Produkt stärker von der Konkurrenz zu differenzieren und
ad 3) das Interesse der Konsumenten wachzuhalten.

Da Werbung nicht nur Werbung für ein bestimmtes Produkt, sondern immer auch Werbung für die gesamte Produktgattung ist, stützt Werbung nicht nur den eigenen Absatz, sondern auch das Marktwachstum der gesamten Branche. Insofern wirkt ein Verdrängungswettbewerb über Werbung, auch wenn er teuer ist, weniger schädlich auf eine Branche, als ein Preiswettbewerb, der unmittelbar die Gewinnmargen zerstört.[3]
Wird der Einsatz von Werbung durch diese Trends einerseits begünstigt, sind es letztlich dieselben Trends, die es andererseits

[3] Vgl. Porter (1989), S. 25ff.

immer schwieriger machen, mit Werbung wirksam seine Kunden zu erreichen:

Ad 1) In aggressiven "Werbeschlachten" wird es immer aufwendiger und teuerer, neben der Konkurrenzwerbung überhaupt noch wahrgenommen zu werden.

Ad 2) Es reicht immer weniger aus, in der Werbung einfach die objektiven Vorteile des eigenen Produktes zu kommunizieren, da diese so klein sind, daß sie für den Käufer kaum noch eine Rolle spielen.

Ad 3) Das nachlassende Interesse erfordert wirksamere Methoden, die potentiellen Käufer durch Werbung überhaupt noch zu erreichen.

Abbildung 1: Ein Beispiel für ein austauschbares Werbemotiv s. S. 19! ▶

## Werbung im Rahmen des marketingpolitischen Instrumentariums

Bei der Betrachtung der Umfeldbedingungen der Werbung sind mit der Produktqualität und dem Preiswettbewerb zugleich andere Instrumente angesprochen worden, die den Absatz von Produkten beeinflussen. Die Vielfalt der absatzpolitischen Instrumente läßt sich in folgende Bereiche gliedern:[4]

- Absatzmethoden (Vertriebssysteme, Absatzformen und Absatzwege)
- Preispolitik (incl. Konditionenpolitik)
- Werbung
- Produktgestaltung (Technik, Qualität, Sortiment u.a.)

Wenn oben dafür plädiert wurde, daß im Instrument "Werbung" im Vergleich zu den anderen Instrumenten, insbesondere im Vergleich zu den Möglichkeiten der Produktverbesserung, ein größeres Potential zur Absatzsteigerung liegt, darf dies nicht heißen, die anderen Instrumente zu vernachlässigen. Der Erfolg ist vielmehr in dem richtigen "Mix" aus hoher Produktqualität, angemessenem Preis, zielgruppengerechten Vertriebswegen und richtiger Werbung zu suchen.

[4] Vgl. Gutenberg (1984), S. 104ff. oder auch Nieschlag et al. (1980), S. 13. Auch andere Gliederungen sind möglich.

# *Mosel Saar Ruwer.*

## Entdecken

Daß ihn dieser feinfruchtige Mosel-Riesling überzeugt, war ihr klar. Und daß er darüber seine Termine vergißt, hat sie insgeheim erwartet.

Fruchtig, rassig, Riesling.

Ich möchte mehr über Weine von Mosel, Saar und Ruwer wissen. Bitte senden Sie mir gegen 2,– DM in Briefmarken Informationsmaterial.

Ausfüllen und ab die Post an:
Mosel-Saar-Ruwer Wein e.V.
Gartenfeldstraße 12a
54295 Trier

Absender:

Name:

Straße:

Ort:

(Anmerkung: Die Gestaltung wirksamer Werbung erweist sich als nicht einfach. Viele Werbemotive sind bereits so „abgegriffen", daß sie weder hohe Aufmerksamkeit erzielen noch das Produkt von Wettbewerbsangeboten deutlich differenzieren können.)

Insofern kann Werbung nur wirken, wenn sie als ein vernetzter Bestandteil einer übergreifenden Marketingstrategie konzipiert wird, die das gesamte "Marketing-Mix" konsequent auf die Bedürfnisse der relevanten Kunden ausrichtet.

## 1.3. Die psychologische Wirkung von Werbung zwischen Hochachtung und Verachtung

*Dieses Kapitel*
- relativiert die Vorstellung, Werbung könne die Konsumenten als willenlose "Konsumäffchen" steuern,
- plädiert aber auf der anderen Seite dafür, die Macht und damit die Verantwortung, die Werbung dennoch hat, anzuerkennen.

Bei Werbepsychologie denken viele zuerst an die "geheimen Verführer"[5]: Mit für die Konsumenten nicht durchschaubaren Methoden spricht die Werbung unsere unbewußten Motive an und verleitet uns so zu Kaufhandlungen, die wir nicht täten, wenn wir sie bewußt kontrollieren könnten. Finanziell potenten Großkonzernen, die bereits durch Aufkäufe, Zusammenschlüsse und Absprachen eine große Marktmacht auf der Anbieterseite ausüben, stellen Psychologen Techniken bereit, auch die Nachfrageseite in ihrem Sinne zu manipulieren.

In dieser Vorstellung spiegelt sich auf der einen Seite eine gewisse Hochachtung vor der Macht ausgefeilter und undurchschaubarer psychologischer Sozialtechniken wider, auf der anderen Seite aber die Verachtung dieser Methoden, die die Selbstbestimmung des einzelnen untergraben. Im folgenden sollen ein wenig die Hintergründe beleuchtet werden, auf denen die Vorstellung von den "geheimen Verführern" basiert.

### Sozialtechnische Grenzen der Wirksamkeit von Werbung

Im zweiten Teil wird sich zeigen, daß die werbepsychologischen Forschungen erheblich weniger spektakulär sind, als die obige

[5] So der Titel des auch heute noch lesenswerten Klassikers der Werbekritik von Packard (1957).

Vorstellung annimmt. Mehr als mit tiefenpsychologischen Manipulationsmethoden beschäftigt sich die Werbepsychologie mit sehr "bodenständigen" Fragen, denn es ist für die Werbung bereits schwierig genug, ganz elementare psychologische Begrenzungen ihrer Wirksamkeit zu überwinden.
Einer Steuerung des Konsumenten durch die Werbung sind mindestens folgende Grenzen gesetzt:

- Werbung muß es schaffen, überhaupt die *Wahrnehmungsschwelle* ihrer Zielpersonen zu überwinden. Diese liegt angesichts der allgemeinen Informationsüberlastung sehr hoch.
- Auch wahrgenommene Werbung wird in der Regel schnell wieder *vergessen*.
- Werbung trifft auf *vorgefaßte Einstellungen* der Verbraucher. Solche Einstellungen haben in der Regel ein großes Beharrungsvermögen, das auch massive "Berieselung" mit Werbung nicht so leicht aufweichen kann. Wer einmal versucht hat, gegen eingefahrene Vorurteile, etwa der eigenen Eltern, anzukämpfen, kennt diese Problematik.
- Den allermeisten aufwendig hergestellten Werbespots und Werbeanzeigen stehen die *Empfänger ausgesprochen teilnahmslos* gegenüber. Werbung an sich ist ein Thema, das Menschen interessiert, die einzelne Werbeanzeige interessiert den Leser in der Regel nicht.
- Auch scheint es eine Wunschvorstellung einiger Marketingvertreter zu bleiben, daß man auch *schlechte Produkte* verkaufen könne, wenn man sie nur richtig bewirbt. Nicht nur die Werbung wird nämlich wahrgenommen, sondern auch das Produkt selbst.
- Konsumenten können - und tun dies auch - *andere Informationsquellen* als Werbung heranziehen. Die Informationen von Verbraucherorganisationen oder Testberichte werden in der Regel als glaubwürdiger bewertet als Information, die aus Werbung gewonnen wird.

Auch wenn den Beeinflussungsmöglichkeiten der Werbung Grenzen gesetzt sind, darf nicht verkannt werden, daß es das ausgesprochene Ziel von Werbung ist, Menschen in ihrem Erleben und Verhalten zu beeinflussen. Damit tragen Werbetreibende auch eine gewisse Verantwortung für das Ergebnis ihrer Beeinflussungsversuche.

**Schädliche Wirkungen von Werbung**

Je wirksamer (im sozialtechnischen Sinne) Werbung ist, je besser es ihr gelingt, die Grenzen der Beeinflussungsmöglichkeiten zu erweitern, desto mehr muß auch danach gefragt werden, ob die erzielten Effekte von einem ethischen Standpunkt aus wünschbar sind. Hierzu ist zu sagen, daß es für den Auftraggeber von Werbung sicherlich wünschbar ist, wenn er sein Beeinflussungsziel erreicht. Auch aus Sicht der Konsumenten kann argumentiert werden, daß es vor allem Werbung ist, die es möglich macht, neue, für die Konsumenten nützliche Produkte, Ideen, Warnungen etc. überhaupt erst bekannt zu machen. Durch diese Informationsfunktion von Werbung werden Innovationen und Fortschritt gefördert.
Allerdings müssen der Werbung, vor allem der Konsumgüterwerbung, auch schädliche Effekte zugeschrieben werden:[6]

- *Trügerisches Glück:* In der Werbung wird der Eindruck erweckt, persönliches Glück könne durch Kaufhandlungen erreicht werden. Die Menschen werden dadurch unter Umständen um ihr "wahres Glück" betrogen.
- *Sozialisierung gesellschaftlich schädlicher Werte:* Die Konsumenten werden dazu erzogen, solche Werthaltungen anzunehmen, die für den Konsum förderlich sind. Diese sind aber gesellschaftlich oft nutzlos oder sogar schädlich. Die Vorbildpersonen in der Werbung verkörpern häufig Werte wie Spaß am Leben, Prestige, Sexualität u.a., nicht jedoch Werte wie etwa Bescheidenheit, Sparsamkeit oder Aufopferung für andere.
- *Hemmung des Reifungsprozesses:* In der Werbung werden vornehmlich menschliche Grundbedürfnisse nach Nahrung,

---

[6] Die folgende Darstellung beruht auf Überlegungen, die in von Rosenstiel/Neumann (1991), S. 37f. angestellt werden und ergänzt diese.

Sexualität, Sicherheit und Anerkennung angesprochen. "Höhere" Bedürfnisse eines reiferen Menschen nach Selbstverwirklichung und einem persönlichen Wachstum werden in den Hintergrund gedrängt.[7]

- *Unzufriedenheit durch Scheinwelt:* In der Werbung werden als Modellpersonen meist erfolgreiche und wohlhabende Personen gezeigt, aber keine Behinderten, Armut, Elend. Da die Kommunikation zwischen den Kleinfamilien relativ gering ist, entsteht für den einzelnen der Eindruck, ihm ginge es schlechter als den anderen. Dadurch wird Unzufriedenheit gefördert.
- *Außensteuerung:* Durch immer verfeinerte und schwerer zu durchschauende Beeinflussungsmethoden in der Werbung wird die Autonomie des einzelnen bedroht.
- *Verfestigung gesellschaftlicher Strukturen:* Werbebotschaften sind in der Regel konservativ, da progressive und (noch) unpopuläre Ideen nicht mit Produkten verknüpft werden sollen. Beispiel: Frauen werden meist in der Rolle von Hausfrauen dargestellt.
- *Verschwendung von Ressourcen:* Die Produzenten setzen viel Geld und qualifizierte Mitarbeiter dafür ein, dem Konsumenten schon längst bekannte Information immer und immer wieder in alten und neuen Formen zu wiederholen. Würden die Firmen diese Mittel etwa in die Entwicklung verbesserter Produkte stecken, wäre den Konsumenten erheblich mehr gedient.

**Manipuliert Werbung?**

Die Richtigkeit einiger (nicht aller) oben aufgeführter Kritikpunkte an der Werbung hängt davon ab, ob es der Werbung tatsächlich gelingt, Konsumenten so zu beeinflussen, daß sie Dinge tun, die sie bei bewußter Kontrolle nicht täten. Damit geht es um die Frage, ob Werbung Konsumenten manipulieren kann. Es gibt immer wieder rührende Versuche von Werbetreibenden und auch Werbewissenschaftlern, die Manipulation von Konsumenten durch Werbung zu leugnen. Falls dies mit Hilfe

[7] Diesem Punkt liegt eine "humanistische" Sichtweise einer Hierarchie in der Wertigkeit von Bedürfnissen zugrunde, wie sie Maslow (1954) formuliert hat.

von Sachargumenten geschieht, werden immer wieder zwei Argumente angeführt:

1. Manipulation ist Beeinflussung. Jede Form der menschlichen Kommunikation beinhaltet Elemente von Beeinflussung. Also ist Manipulation völlig harmlos.
2. Werbung kann gar nicht manipulieren, weil Konsumenten vernunftbegabte Menschen sind, die Kaufentscheidungen auf Basis ihres freien Willens treffen.

Diese Argumente ziehen nicht.
Ad 1) Durch eine Verwischung der Begriffe "Beeinflussung" und "Manipulation" soll die Manipulation durch Werbung verharmlost werden.[8] Kein Zweifel: Wenn Menschen miteinander sprechen, dürfte einer der Gesprächspartner (oder meist beide) im Verlauf des Gespräches neue Einsichten gewinnen und seine bisherige Meinung ändern oder abwandeln. In fast jeder Form von Kommunikation kann also Beeinflussung stattfinden. Aber gibt es in der Art der Beeinflussung nicht vielleicht doch ein paar Unterschiede?
Es ist doch wohl ein Unterschied, ob die Kommunikation (und die damit verbundene Beeinflussung) dazu dient, neue Einsichten zu gewinnen, die beide Gesprächspartner in ihrer persönlichen Entwicklung weiterbringen und sie ihren Zielen näherbringen, oder ob die Kommunikation dazu dient, einen Gesprächspartner von außen zu steuern ohne Rücksicht auf einen möglichen Schaden, der damit angerichtet wird. Die Begriffe "Beeinflussung" und "Manipulation" sind daher in der Weise von einander zu trennen, daß Manipulation eine ganz bestimmte Form der viel weiter gefaßten Beeinflussung ist. Wann Beeinflussung die Form der "Manipulation" annimmt, grenzen von Rosenstiel/Neumann durch vier Bedingungen ein:[9]

---

[8] Ein Beispiel für diese Argumentation liefert etwa der Zentralverband der deutschen Werbewirtschaft in seinem Jahrbuch 1994 in einer Darstellung einer "neuen Studie zum Thema 'Manipulation'" von Rost (1993) (S. 49): "Daß Persuasion (=Beeinflussung; die Verfasser) nicht 'besser' sei, wenn sie der Bildung, Erziehung und dem Seelenheil von Menschen dient, sage uns bereits der gesunde Menschenverstand." Sagt er uns das?

[9] Vgl. von Rosenstiel/Neumann (1991), S. 34f.

- Der Beeinflussende strebt bewußt seinen eigenen Vorteil an.
- Er nimmt dabei keine Rücksicht auf den Vorteil der Beeinflußten.
- Die verwendeten Methoden sind für den Beeinflußten nicht (oder nur teilweise) durchschaubar.
- Vielmehr hat der Beeinflußte das Gefühl, frei entschieden zu haben, obwohl er tatsächlich beeinflußt wurde.

An dortiger Stelle werden auch zwei Beispiele für Werbemaßnahmen vorgeführt, die eine Manipulationsabsicht der Werbetreibenden erkennen lassen.
Ad 2) Mit dem Hinweis auf die Vernunft des Menschen wird versucht zu beweisen, daß eine Beeinflussung, die der Beeinflußte nicht durchschaut, unmöglich ist. Zentraler Begriff in diesem Zusammenhang ist die "Verbrauchersouveränität":[10] Der Verbraucher habe schließlich einen freien Willen und könne sich ja auch gegen das jeweils beworbene Produkt entscheiden. Außerdem nehme er die beeinflussende Werbeinformation freiwillig auf. Wenn der Verbraucher nicht manipuliert werden wolle, könne er ja einfach den Fernsehapparat abschalten (oder das Radio oder die Zeitung umblättern...).
Dies ist eine Beschönigung der Situation und übergeht die zentrale Tatsache, daß es das einzige Ziel von Werbung ist, zu beeinflussen und nicht den Konsumenten zu empfehlen, die Werbung nicht zu beachten. Wenn diese Beeinflussung nicht funktionierte, gäbe es wohl kaum einen Anbieter, der bereit wäre, dafür Geld auszugeben. Man kann also davon ausgehen, daß Beeinflussung von Konsumenten durch Werbung sehr wohl gelingt.
Es bleibt als wichtigste Frage jedoch zu klären: Kann es der Werbung auch gelingen, Konsumenten so zu beeinflussen, daß sie die Beeinflussung nicht oder nicht voll durchschauen? Wenn

[10] Vgl. z. B. ZAW (1994), S. 36. Dort werden die Werbekritiker auch als zynisch diffamiert, weil sie den Menschen ihre Fähigkeit zur kritischen Analyse von Werbebotschaften absprächen. Wenn man Manipulation für möglich hält, heißt dies jedoch nur, daß zeitweise die rationale Kontrolle der manipulierten Menschen nicht greift, es heißt nicht, daß diese Menschen grundsätzlich und zu jeder Zeit unfähig wären, ein Argument sachlich zu beurteilen.

ja, ist als nächstes zu klären, in welchem Maße der einzelne durch Werbemaßnahmen von außen steuerbar ist. Wir werden in diesem Buch Erkenntnisse sammeln, mit denen wir diese Frage beantworten können. Deshalb werden wir das Thema Manipulation am Ende dieses Buches noch einmal aufgreifen.
Schon hier wollen wir jedoch festhalten: Wer Werbung betreibt und diese durch den Einsatz psychologischer Methoden in ihrer Wirkung optimiert, trägt *Verantwortung nicht nur für die positiven Effekte von Werbung, sondern auch für die schädlichen Nebenwirkungen*. Verantwortung tragen übrigens auch die, die psychologisches Wissen für die werbliche Verwendung bereitstellen.

# 2. WAS IST EIGENTLICH WERBEPSYCHOLOGIE?

Im ersten Kapitel haben wir festgestellt, daß Werbung Wirkungen auf das Erleben und Verhalten von Menschen hat und daß die Werbepsychologie dabei helfen kann, die positiven Wirkungen von Werbung zu verbessern (aber auch die negativen Nebenwirkungen zu fördern). Daß Werbepsychologie die Werbung mit psychologischen Methoden effektiver macht, ist eine sehr globale Aussage. Was ist aber konkret unter Werbepsychologie zu verstehen, was genau heißt es denn, wenn man von "psychologischen Methoden" spricht?
Um dies herauszufinden, sollen uns zunächst drei Beispiele aus der Arbeit eines Werbepsychologen ein Gefühl dafür vermitteln, worauf es bei Werbepsychologie ankommt. Danach können wir dann theoretisch klären, worin die Wissenschaft der Psychologie besteht und in welchem Verhältnis sie zur Werbung steht.

## 2.1. Drei Beispiele für die Arbeit eines Werbepsychologen

*Dieses Kapitel*
- stellt anhand von drei Beispielen die Arbeit eines Werbepsychologen dar.

**Beispiel 1: Welche Verpackung soll das Feinwaschmittel haben?**

Eine Waschmittelfirma bringt ein neues Spezialwaschmittel für Wolle auf den Markt. Es heiße "Lowa-Weiß". Ein Graphiker wird beauftragt, Packungsentwürfe zu gestalten. Zwei dieser Entwürfe gelangen - nach verschiedenen Voruntersuchungen - in die nähere Auswahl.
Der eine Entwurf zeigt auf blauem Grund die Oberkörper zweier Personen, eines Mannes und einer Frau. Beide sind weiß ge-

kleidet. In weißer, wäscheleinenartig geschwungener Schrift sieht man am Kopf der Packung den Schriftzug: "Lowa-Weiß", am Fuß liest man: "Feinwaschmittel für Wolle" sowie den bekannten namen des Herstellers "XYZ" in kleiner Schrift. Der zweite Entwurf zeigt die gleichen Personen in etwas anderer Stellung. Sie sind jetzt dichter beieinander. Der Grund der Packung ist grün. Die Schrift ist rosa, der Name des Herstellers etwas größer als auf der ersten Packung.

Der Psychologe wird beauftragt, einen Rat abzugeben, welchen Entwurf man wählen solle. Eine schnelle Entscheidung wird gefordert. Der Psychologe überdenkt die ihm vertrauten Methoden. Eine größere Felduntersuchung scheidet aus. Die Ausarbeitung eines Fragebogens, Durchführung und Untersuchung, Auswertung des Fragebogens und Interpretation der Ergebnisse würden zuviel Zeit erfordern. Der Psychologe denkt daraufhin daran, auf Grund seiner theoretischen Kenntnisse, seines Wissens um die Gesetze der Wahrnehmung und der Anmutungsqualitäten der Farben, eine gutachtliche Stellungnahme abzugeben. Aber er mißtraut seiner Subjektivität. Da er künstlerisch interessiert ist, fürchtet er, daß er zu stark ästhetische Erwägungen berücksichtigen würde. Er weiß, daß ästhetisches Wohlgefallen und Werbewirksamkeit kaum etwas miteinander zu tun haben.

Schließlich entscheidet er sich für eine tachistoskopische Untersuchung. Das Tachistoskop - in dem Wort stecken die griechischen Vokabeln für schnell und sehen - ist ein Gerät, das es ermöglicht, einen Gegenstand kurzzeitig einer Person sichtbar zu machen. Auffällig ist dabei, daß man als Beobachter bei sehr kurzfristiger Darbietung des Gegenstandes zwar noch nichts klar erkennt, aber doch schon in einer gefühlsmäßigen Weise angemutet wird. Man hat zwar nichts Genaues gesehen, nur ein Flimmern, und doch war es einem irgendwie sympathisch oder unsympathisch, oder es erinnerte einen an dieses oder jenes, etwa an Ruhe und Ausgeglichenheit oder an Unruhe und Nervosität.

So wird es mit Hilfe des Tachistoskops möglich, erste gefühlsmäßige Stellungnahmen eines Menschen, die noch nicht vom Kontrollbewußtsein korrigiert wurden, zu erfassen. Außerdem

bietet das Gerät die Möglichkeit, durch beständige Verlängerung der Darbietungszeiten exakt festzustellen, welche Schriften rascher lesbar sind, oder bei welcher Gestaltung sich eine Darstellung früher oder prägnanter vom Hintergrund abhebt.
Dem Psychologen steht in unserem Fall ein modernes Elektronentachistoskop zur Verfügung. Es arbeitet ähnlich wie ein Elektronenblitzgerät in der Photographie. Die Versuchsperson sieht in einen dunklen Kasten hinein, in dem sich das Untersuchungsmaterial befindet. Von Glaskolben, die sich vor Parabolspiegeln befinden, geht durch Verbrennung eines Edelgases ein geradlinig reflektierter, auf das Objekt gerichteter Blitz aus. Er wird durch einen Spannungsstoß von etwa 1000 Volt bewirkt. Die Beleuchtungszeit kann zwischen 1/1000 sec und 10 sec beliebig eingestellt werden.
Da dem Zufall Tür und Tor geöffnet wären, wenn der Psychologe jeden Packungsentwurf nur einer Person darbieten würde, entschließt er sich, jeden Entwurf von 25 Personen im Tachistoskop betrachten zu lassen. Beide Entwürfe darf er dabei keinesfalls gleichen Personen bieten. Sie wären beim zweiten Versuch durch den vorhergehenden schon informiert und könnten leichter erkennen, um was es sich handelt. Das Ergebnis wäre also verfälscht.
So stellt der Psychologe zwei vergleichbare Gruppen von Versuchspersonen zusammen. Um diese Vergleichbarkeit zu gewährleisten, achtet er darauf, daß die Gruppen in bezug auf wichtige Merkmale wie Alter, Geschlecht und Schulbildung einander entsprechen.
Die Versuche beginnen. Jeder Person wird im Einzelversuch ein Entwurf wieder und wieder im Tachistoskop gezeigt. Die Expositionszeit wird dabei von Mal zu Mal länger. Sie liegt zunächst bei 1/1000 sec, steigt dann über 1/750, 1/500, 1/250, 1/100, 1/50, 1/10, 1/5 bis zu 1/2 sec an. Falls die Versuchsperson bis dahin noch nicht alles erkannt hat, wird die Zeit schließlich auf 1, 2 oder gar 3 sec verlängert. Nach jeder Darbietung schildert die Person, was sie gesehen hat. Das sind bei den kurzen Darbietungszeiten natürlich nur ganz verschwommene und vage Eindrücke, sie verbinden sich aber doch schon mit ersten

gefühlsmäßigen Eindrücken, die die Versuchsperson vermuten lassen, um was es gehen könnte. Je länger die Darbietungszeit wird, desto prägnanter werden die Schilderungen der Versuchsperson, bis schließlich auch die kleinen Details gesehen werden.
Eine Versuchsperson nach der anderen betritt den Untersuchungsraum und beobachtet die tachistoskopischen Darbietungen, vom Psychologen durch Aufforderungen wie: "Nun, was sehen Sie?" "Um was könnte es gehen?" "Was sehen Sie jetzt?" zum Sprechen ermuntert. Alles, was die Versuchsperson äußert, wird notiert; zugleich läuft ein Tonband mit. Nachdem die Versuche abgeschlossen sind und der Psychologe die Untersuchungsprotokolle sorgfältig studiert hat, findet er in ihnen vier wesentliche Stufen der Prägnanz der Wahrnehmung:

1. Stufe: Die Farbe des Hintergrundes wird erkannt. Es kommt zu ersten Vermutungen, um was es gehen könnte.
2. Stufe: Der Name des Produktes wird gelesen.
3. Stufe: Die Figurengruppe wird gesehen; die Anmutung, die von ihr ausgeht, wird beschrieben.
4. Stufe: Kleine Details werden erkannt. Die kleinen Schriften werden gesehen. Das Wahrnehmungsbild hat seine Endgestalt erreicht.

Die Ergebnisse werden jetzt quantitativ und qualitativ analysiert. Schon bei 1/1000 sec Darbietungszeit wird beim ersten Entwurf die blaue, beim zweiten Entwurf die grüne Hintergrundfarbe von allen Versuchspersonen genannt. Die meisten äußern auch jetzt schon, daß sie Schrift oder Buchstaben gesehen hätten, ohne Näheres angeben zu können. Die statistische Überprüfung der Unterschiede zeigt, daß sie unsignifikant sind und vernachlässigt werden können. Die qualitative Analyse jedoch ergibt hier erhebliche Differenzen. Die Hintergrundfarbe des ersten Entwurfes wird als "zartblau", "himmelblau", "ein sanftes Blau" und ähnlich umschrieben. Einige Personen äußern bereits die Vermutung, daß es sich um Werbung für ein weiches und schonendes Waschmittel handeln könnte.

Anders bei der zweiten Packung. Das Grün des Hintergrundes wird als "grell", "giftig" oder "grasgrün" beschrieben. Einige Personen vermuten, es könnte sich hier um ein Scheuermittel für das Spülbecken, andere um ein Desinfektionsmittel handeln. Eine Person nimmt sogar an, es handle sich wohl um ein Düngemittel für den Rasen. Während also die frühen Anmutungen, die von der ersten Packung ausgehen, in die gewünschte Richtung weisen, ist dies bei der zweiten ganz und gar nicht der Fall.
In diesem Stil analysiert der Psychologe weiter. Er findet bei der zweiten Stufe keine nennenswerten Unterschiede. Bei etwa 1/70 sec können die Produktnamen auf beiden Packungen gelesen werden. Unterschiede sind dagegen bei der dritten Stufe gegeben. Die Personen werden beim ersten Entwurf schon bei 1/50 sec, beim zweiten Entwurf erst bei 1/20 sec erkannt. Zuvor kommt es dort zu Aussagen wie "ein aufgeblasenes Gespenst", "ein dicker Mann", "eine Micky-Maus". Der Psychologe schließt daraus, daß beim zweiten Entwurf die Personen zu dicht beieinander stehen, so daß sich der Eindruck einer massigen Figur ergibt. Auf der vierten Stufe schließlich findet er, daß die kleine Schrift auf der ersten Packung durchschnittlich erst bei 2,5 sec, bei der zweiten Packung bei 1 sec gelesen wird. Der bekannte Name des Herstellers wird bei der ersten Packung also spät erkannt. Aufgrund des Gesamtergebnisses empfiehlt der Psychologe schließlich den ersten Entwurf, rät aber zugleich, den Namen des Herstellers in etwas größeren Buchstaben zu drucken.

**Beispiel 2: Was bedeutet eigentlich Frottee?**

Eine Textilfirma plant, Kleidung aus Frotteestoff auf den Markt zu bringen, die vor allem für die Ferienzeit und Freizeit im Sommer gedacht ist. Der Psychologe wird gefragt, welchen Richtlinien die Anzeigenwerbung folgen soll, welche Motive sie ansprechen soll. Dieses Mal hat er mehr Zeit, die Untersuchung zu planen und durchzuführen. Er denkt an eine größere Umfrage. Neben einem Interview mit geschlossenen Fragen, einigen Tests und Zuordnungsverfahren soll auch ein freies Gespräch über Frottee treten. Volle Freiheit der Gesprächsführung möchte der Psychologe den Interviewern doch nicht überlassen. Er macht sich daher Gedanken über die wichtigsten Themen, die das Gespräch berühren sollte.

Der Psychologe lehnt sich in seinem Stuhl zurück, denkt nach. Wann begegnet einem Frottee, was bedeutet es? Er denkt daran, wie kleine Kinder nach dem Baden in ein Frotteehandtuch eingewickelt werden, damit sie sich nicht erkälten. Ist also "Frottee" etwas Wärmendes wie Wolle? Aber häufig findet man in Hotels oder in Privathäusern zwei verschiedene Handtücher vor - ein Frotteetuch und ein Handtuch aus einem anderen Material für das Gesicht. Ist Frottee also rauh, zu grob für das Gesicht? Es muß wohl etwas Rauhes sein. Er denkt daran, wie er selbst als Kind von seiner Mutter kräftig "abgerubbelt" wurde. "Das ist gesund", pflegte sie immer zu sagen. Aber war es ihm damals angenehm? Nein, damals nicht, aber später, als er älter war und sich selbst nach dem Baden in einem kühlen See den Rücken massierte, das hatte er gern gehabt. Es wurde einem warm dabei, und die Haut prickelte danach. Gehört also Frottee dem Erlebnisbereich rustikaler, gesunder "Naturbräuche" an, wie Sauna, in eiskaltes Wasser springen, sich mit Ruten schlagen? Wie wird dieser Stoff erlebt? Doch wohl nicht ausschließlich als grob. Der Psychologe denkt jetzt an Ferien am Mittelmeer, den Strand, die kräftigen Farben der Tücher, auf denen Menschen lagen und sich sonnten. Das war Frottee. Gehören kräftige Farben dazu? Denkt man dabei an Ferien, an Süden, an Entspannung, Freiheit vom Alltag? Er sieht in Gedanken ein hübsches Mädchen vor sich, das nach dem Schwimmen im Meer ein großes, petrolfarbenes Frotteetuch um sich schlug. Das sah hübsch aus. Wieder denkt er an das kleine Kind, das nach dem Baden in ein Frotteetuch gewickelt wird. Ist der Stoff also doch warm, weich und schmeichelnd? Wie wird er erlebt?

Der Psychologe macht sich Notizen, schreibt auf, was ihm zum Thema einfällt, ganz ungeordnet. Dann denkt er weiter nach, macht sich wieder Notizen. Er spricht mit Freunden, mit Kollegen, mit seiner Frau über das Thema und notiert auch deren Einfälle. Schließlich geht er daran, das Material zu ordnen, den Leitfaden für ein Gespräch daraus zu strukturieren, das klären soll, welche

Position Frottee in der Gefühlswelt potentieller Kunden einnimmt und durch welche Erlebnisse in früher Kindheit und späterer Zeit es dazu kam. Der Psychologe hofft, daß die wichtigsten Tendenzen aus der Analyse der Gespräche entscheidend mithelfen werden, den richtigen Stil der Werbung zu finden.

**Beispiel 3: Welche Motive stehen hinter dem Skifahren?**
Vor ihm liegt ein Stapel von ausgefüllten Interviewbogen. In diesen Interviews waren Personen über den Winterurlaub, besonders über das Skifahren befragt worden. Die Untersuchung sollte dem Ziel dienen, die Werbung für die Skier eines größeren Unternehmens neu zu konzipieren.
Das Interview umfaßt vor allem offene Fragen - Fragen also, bei denen die Versuchsperson nicht einfach eine von mehreren vorgegebenen Antworten - etwa ja oder nein - wählen soll, sondern frei und in eigenen Sätzen antworten kann. Die Interviewer haben diese Antwort wörtlich mitgeschrieben. Der Psychologe steht nun vor der Aufgabe, die Antworten zu ordnen, unter bestimmten Gesichtspunkten zu gliedern, um sie schließlich interpretieren zu können. Eine der Fragen hieß etwa:
"Sie haben eben gesagt, daß Sie Ihren Urlaub lieber im Winter als im Sommer nehmen, weil Sie gern skifahren. Warum laufen Sie so gern Ski?"

Die Antworten auf diese Fragen waren vielfältiger Art. Zum Beispiel:
"Es ist so gesund. Nach einem Skiurlaub bin ich stets richtig erholt."
"Es macht halt Spaß."
"Ich mag einfach dieses zischende Geräusch, wenn es schnell läuft."
"Durch die Winterluft und die Höhenluft kommt es zu einer guten Durchblutung."
"Schnell fahren, wenn dann der Schnee so wirbelt, das ist einfach das Höchste."
"Es ist immer a Gaudi, wenn wir in der Clique zum Skifahren gehen."

"Die verschneiten Berge im Winter, das ist das Schönste, was es gibt."
"Da lernt man halt die nettesten Leute kennen."
"Man wird bei keinem Sport so braun."
"Ich liebe das, wenn der Schnee so glitzert."
"Wenn man schnell fährt, und die Ski laufen genau dahin, wohin man will, dann hat man manchmal das Gefühl, daß man alles kann."
"So schnell eine steile Piste herunterzuschießen, das ist wie ein Rausch."
"Das ist der vollkommenste Sport, da braucht man wirkliche Körperbeherrschung."
"Man kann sich so schick anziehen zum Skifahren."
"Ja wissen Sie, ich kann wirklich gut fahren, und den anderen, denen imponiert das, die schauen mir nach. Mir ist das natürlich nicht unangenehm."
"So in ein weißes Glitzern hineinzugleiten, wenn die Sonne scheint, das ist wie Schwimmen oder als ob man fliegen könnte oder wie eine Mischung aus beiden."
"Ja, um ganz ehrlich zu sein: Bei uns im Betrieb sind nur Frauen. Und abends bin ich müde. Ich hoff ' halt schon, daß ich beim Skifahren einmal meinen Zukünftigen kennenlerne."
Ähnlich vielfältig sind die weiteren Antworten. Jede ist von der anderen verschieden und drückt, zumindest in Nuancen, etwas anderes aus. Dennoch kann der Psychologe nicht jede einer gesonderten Kategorie zuweisen. Er könnte dann keine besonders häufigen Motive, die hinter dem Skifahren stehen, ermitteln. Er muß also feine Unterschiede vernachlässigen, muß nach Ähnlichkeiten zusammenfassen. Er liest die Antworten noch einmal durch. Eine Ähnlichkeit fällt ihm auf, ein genereller Optimismus, eine Zuwendung zum Leben. In den Antworten steckt der Wunsch nach Gesundheit, die Freude an der Schönheit der Natur, die Lust an der Beherrschung des eigenen Körpers, der Spaß an netter Gesellschaft, die Hoffnung auf den eigenen Mann.
Dann kommen dem Psychologen Zweifel. Ist wirklich eine so einheitliche Thematik gegeben? Steckt hinter all diesen Ant-

worten freudige Lebenszuwendung? Verbergen nicht einige Angst vor der Krankheit? Ist der junge Mann, der beim Skifahren das Gefühl hat, alles zu können, nicht vielleicht ein beruflicher Versager, der sein Mißerfolgserleben kompensieren möchte? Fliehen nicht jene, die den Rausch der Geschwindigkeit suchen, gerade das Leben? Verbirgt sich hinter der heiter formulierten Antwort des nicht mehr ganz jungen Mädchens, das den Zukünftigen sucht, nicht die Verzweiflung einer jungen Frau, die heiraten möchte und keinen Mann findet?

Der Psychologe muß also stärker differenzieren. Der Wunsch nach Gesundheit scheint eine wesentliche Kategorie zu sein, und doch bleibt offen, ob hier der Wunsch dominiert, die sportliche Kondition zu erhalten oder die Angst vor der Krankheit. Freude an der Schönheit der Natur ist eine weitere Kategorie, für die der Psychologe sich entschließt, der Wunsch nach mitmenschlichem Kontakt eine dritte.

In diesem Stil arbeitet der Psychologe weiter. Und doch ist dies nur ein erster Schritt. Er darf die Antworten nicht isoliert betrachten, sondern muß sie später zu anderen Antworten aus dem gleichen Interview in Beziehung setzen, um zu sehen, ob sich nicht hinter den genannten Motiven andere verbergen, oder ob es nicht spezifische Kombinationen von Motiven sind, die die Freude am Skifahren ausmachen.

## 2.2. Das Erleben und Verhalten der Empfänger von Werbebotschaften als Hauptthema der Werbepsychologie

*Dieses Kapitel*

- stuft die Relevanz der psychologischen Perspektive für die Werbung ein,
- gibt einen Überblick über die Psychologie als Wissenschaft und
- versucht eine Abgrenzung des Begriffes der Werbepsychologie.

Nach dieser beispielhaften Einführung in das Tätigkeitsfeld der Werbepsychologie muß nun etwas grundsätzlicher und allgemeiner umrissen werden, worin genau die wissenschaftliche Disziplin "Werbepsychologie" besteht, deren Methoden und Ergebnisse im weiteren vorgestellt werden.

**Werbung als Gegenstand verschiedener Wissenschaften und Interessen**

Werbung ist Objekt verschiedener Wissenschaften. Wird Werbung etwa aus der Sicht der Betriebswirtschaftslehre betrachtet, kann z. B. der Beitrag von Werbung im Rahmen des Marketing-Mix untersucht werden. Die Soziologie könnte sich etwa mit den in Kapitel 1.3. angesprochenen gesellschaftspolitischen Wirkungen von Werbung beschäftigen. Die "Beleuchtung" der Werbung aus Sicht verschiedener Wissenschaften symbolisiert Abbildung 2.

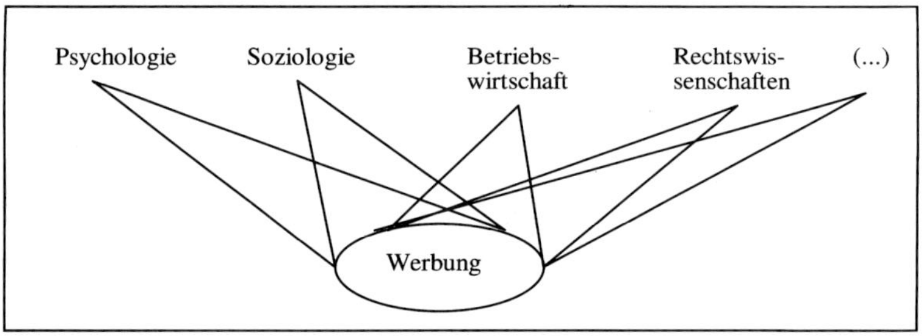


Abbildung 2: Werbung aus der Perspektive verschiedener Wissenschaften

Die Psychologie ist eine mögliche Perspektive, aus der Werbung betrachtet werden kann. Dabei ist die Wirkung von Werbung auf das Erleben und Verhalten der Empfänger nicht das einzig mögliche psychologisches Thema, Werbepsychologie nicht die einzige Disziplin, die Psychologie und Werbung verbindet.

Auch andere Aspekte der Werbung haben mit menschlichem Erleben und Verhalten zu tun: Ein interessantes und vergleichsweise noch wenig untersuchtes Feld sind etwa die psychischen Prozesse, die bei der Entstehung von Werbemaßnahmen wirken. Hier könnte die Psychologie beispielsweise untersuchen, wie die zwischenmenschlichen Entscheidungsprozesse für eine Werbe-

konzeption ablaufen, wie neue, kreative Werbeideen entstehen oder welche Motivation Menschen bewegt, in der "Lebenswelt" der Werbung zu arbeiten. Dies sind mögliche Fragen, die die Organisationspsychologie an die Werbung stellen könnte.[11]
Mit der Auswahl der Themenstellungen in der Werbepsychologie werden gleichzeitig immer auch ein Stück Interessen vertreten. Die Tatsache, daß der überwiegende Teil werbepsychologischer Forschungen Erkenntnisse darüber sammelt, wie die Wirkung der Werbung auf Konsumenten verbessert werden kann und nicht etwa Fragen, wie sich z. B. der einzelne gegen Beeinflussungsversuche schützen kann, zeigt eine recht einseitige Ausrichtung auf die Interessen der Anbieter von Konsumgütern. Auch wenn die Wissenschaft mit der Wahl der Themen einen gewissen Einfluß ausübt, hat sie es letztlich nicht in der Hand, wer ihre Erkenntnisse verwendet und wie er sie verwendet. Auch Erkenntnisse, die in dem festen Willen gewonnen werden, der Menschheit zu dienen, können in der Verwendung mißbraucht werden. Für die Werbepsychologie schlägt daher Kroeber-Riel vor, sie solle sich aktiv mit der Verwendung ihrer Erkenntnisse auseinandersetzen und in einen Dialog mit ihren Anwendern treten, in dem auch über den Mißbrauch von werbepsychologischen Erkenntnissen gesprochen wird.[12]
Werbepsychologie kann also verschiedenen Interessen und Interessenten dienen, kann dabei aber nur (oder immerhin?) zum Teil beeinflussen, welche Interessenten es sind, die von ihren Erkenntnissen profitieren. Die Vielfalt möglicher Interessenten an werbepsychologischem Wissen illustriert Abbildung 3.

[11] Eine Arbeit, die aus der üblichen Perspektive der Werbepsychologie ausbricht und die organisationspsychologische Seite der Werbung untersucht, hat Nerdinger (1990) vorgelegt.
[12] Vgl. Kroeber-Riel (1992), S. 40ff.

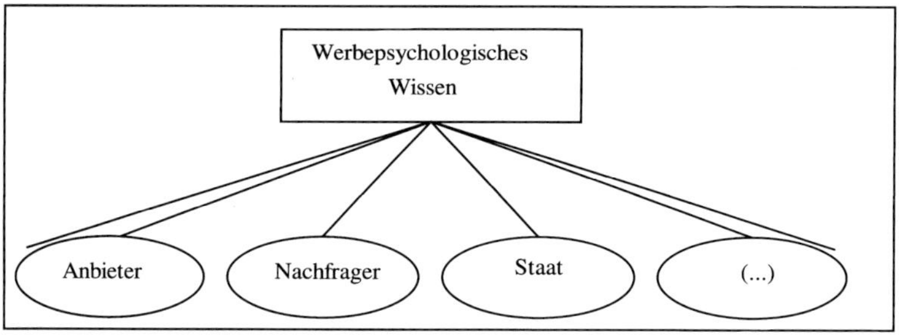


Abbildung 3: Interessenten an werbepsychologischem Wissen

## Fragestellungen der Psychologie

Nachdem wir eben untersucht haben, welche Rolle die Psychologie im Rahmen der Werbung spielt, muß nun die Frage geklärt werden, welche Rolle denn die Werbung im Rahmen der psychologischen Themen spielt. Es ist zum Verständnis mancher Zusammenhänge recht günstig, folgende Hauptbereiche der Psychologie zu unterscheiden: Theoretische Psychologie, Angewandte Psychologie, Praktische Psychologie.

Die *Theoretische Psychologie* fragt nicht nach der praktischen Nutzbarkeit ihrer Ergebnisse. Ihre Fragen ergeben sich aus der Theorie, und ihre Antworten sollen Lücken innerhalb des theoretischen Gebäudes der Psychologie füllen. Ein Beispiel dafür ist die Theorie der sogenannten "Ranschburgschen Hemmung". Verdoppeln sich Elemente einer Reihe, so hat man Schwierigkeiten, sie zu erkennen oder zu reproduzieren. So macht es Mühe, das Wort Rokokokokotte oder Zebubulle zu lesen, unter Umständen gar auszusprechen. Wer Maschine schreibt, weiß, wie leicht man sich bei Buchstabenverdoppelung vertippt. Statt zweier "e" schreibt man nur eines oder drei.

Derartige Phänomene wurden von Ranschburg oder anderen theoretischen Forschern sorgfältig untersucht. Es war dabei für Initiatoren derartiger Forschungen gänzlich uninteressant, ob die Untersuchungsergebnisse je von praktischer Relevanz sein würden. Das soll natürlich nicht heißen, daß Ergebnisse des Forschens innerhalb der Theoretischen Psychologie immer nutzlos sein müssen. Die Frage des Nutzens liegt auf einer anderen

Ebene, sie interessiert nicht; wenn er sich doch einstellt, so ist das zufällig.

Unter der *Angewandten Psychologie* versteht man nicht, wie oft angenommen wird, die Anwendung der von der Theoretischen Psychologie erbrachten Forschungsergebnisse in der Praxis. Die Angewandte Psychologie betreibt selbst Forschung. Im Gegensatz zur Theoretischen Psychologie aber bezieht sie ihre Fragestellungen nicht aus Lücken innerhalb der Theorie, sondern aus der Praxis. Wenn etwa gefragt wird: mit Hilfe welcher psychologischer Mittel man ein schlechtes Betriebsklima bekämpfen könne, beginnt Organisationspsychologie, die zur Angewandten Psychologie zählt, mit ihren wissenschaftlichen Untersuchungen. Die Forschungsergebnisse der Angewandten Psychologie sind, falls sie sich einstellen - nicht jede Untersuchung führt zu positiven Ergebnissen -, also stets für die Praxis von Bedeutung.

Wenn man Ergebnisse der Theoretischen oder Angewandten Psychologie, aber auch ohne alle Fachkenntnisse sein psychologisches Gespür in einer konkreten Situation der Praxis anwendet, so spricht man von *Praktischer Psychologie.* So betreibt eine Mutter, die auf das trotzige Geschrei ihres Dreijährigen, obwohl sie "innerlich kocht", einfach nicht reagiert, Praktische Psychologie. Aber auch der Werbegraphiker tut das, der die Gestaltgesetze der Wahrnehmung, von denen er gehört hat, bei dem Entwurf einer Anzeige anzuwenden sucht.

| Hauptbereiche | **Theoretische Psychologie** | **Angewandte Psychologie** | **Praktische Psychologie** |
|---|---|---|---|
| Herkunft der Fragestellung | ➔ aus der Theorie | ➔ aus dem Anwendungsfeld | ➔ von einem Auftraggeber |
| Wichtige Beispiele | • Allgemeine Psy.<br>• Entwicklungspsy.<br>• Sozialpsychologie<br>• Persönlichkeitspsy.<br>• Differentielle Psy.<br>• ... | • Klinische Psy.<br>• Pädagogische Psy.<br>• Organisationspsy.<br>• Verkehrspsy.<br>• Marktpsychologie<br>• Werbepsychologie<br>• ... | Psycholog. Tätigkeit in<br>• Klinik<br>• freier Praxis<br>• Schule<br>• Gericht<br>• Betrieb<br>• Markforschungsinst.<br>• ... |

Abbildung 4: Hauptbereiche der Psychologie
(verändert übernommen aus: von Rosenstiel/Neumann 1991, S. 14)

Werbepsychologie ist in diesem Sinne häufig ein Zweifaches: Angewandte Psychologie und Praktische Psychologie. Meist dient die Untersuchung einem spezifischen Zweck, ist Anwendung bekannter Methoden auf einen konkreten Fall, bringt aber - gewissermaßen als beabsichtigtes oder unbeabsichtigtes Beiprodukt - auch neue Erkenntnisse, neue Forschungsergebnisse. Natürlich gibt es auch werbepsychologische Untersuchungen, die ausschließlich der Angewandten Psychologie zuzurechnen wären. So betreiben einige Institute Forschung, hinter der kein Auftraggeber stehen muß, obwohl die Ergebnisse dann für die Praxis sehr wichtig sind. Dem stehen werbepsychologische Arbeiten gegenüber, die routinemäßig in der Praxis durchgeführt werden und keinerlei neue Erkenntnisse bringen. Sie gehören ausschließlich zur Praktischen Psychologie.

### Werbepsychologie: Eine Abgrenzung

Fassen wir die oben gemachten Überlegungen zusammen: Werbepsychologie ist eine angewandte Disziplin der Psychologie, die sich mit der Beeinflussung von menschlichem Erleben und Verhalten durch werbliche Maßnahmen beschäftigt.

Faktisch beschäftigt sich die Werbepsychologie hauptsächlich mit der Wirkung kommerzieller Werbung auf Verbraucher. Dieses Themenfeld wird auch in diesem Buch eine hervorgehobene Rolle spielen. Grundsätzlich aber ist das Gebiet der Werbepsychologie weiter zu fassen, da Werbung mehr ist, als nur Konsumgüterwerbung. Werbung soll hier verstanden werden als Kommunikation, die öffentlich stattfindet und den Zweck hat, bestimmte (Ziel-) Gruppen von Menschen zu beeinflussen.

# 3. DIE BASIS FÜR FUNDIERTE WERBE-PSYCHOLOGISCHE ARBEIT: THEORIEN, METHODEN UND MODELLE

Keine Angst! In diesem Kapitel werden Sie nicht zu einem trockenen, langweiligen Wissenschaftler (oder ist das vielleicht nur ein Vorurteil?) ausgebildet. Vielmehr wird Ihnen dieses Kapitel "Handwerkszeug" an die Hand geben, um die Ergebnisse wissenschaftlicher Studien zu würdigen. Eine beliebte Manipulationsmethode besteht darin, irgendwelche Behauptungen als "wissenschaftlich fundierte und gesicherte Erkenntnisse" zu präsentieren. Damit betreiben nicht nur Politiker Fernsehdiskussionen, auch in der "Mikropolitik" der Diskussionen um das richtige Werbekonzept tauchen wissenschaftlich scheinbar gesicherte Erkenntnisse als "Argument" auf.
Wenn wir nun erforschen, auf welchen Fundamenten wissenschaftliche Erkenntnis in der Werbepsychologie fußt, erhalten wir die Möglichkeit, wissenschaftliche Studien, die uns präsentiert werden, auf ihren wirklichen Aussagegehalt hin zu überprüfen und legen die Basis für gehaltvolle Experimente, die wir selbst durchführen wollen. Im übrigen ist die Beschäftigung mit Theorien, Methoden und Modellen psychologisch auch deshalb interessant, weil sie sich mit der für uns Menschen existentiellen Frage befaßt: Was können wir überhaupt erkennen?

## 3.1. Grundaufbau einer werbepsychologischen Theorie

*Dieses Kapitel*

- erklärt kurz die logische Struktur einer wissenschaftlichen Theorie und
- zeigt beispielhaft, wie man von einer abstrakten Theorie zu konkret überprüfbaren Aussagen kommt.

Tatsachen ("die Sonne scheint", "diesen Monat fand das Produkt X 12372 Käufer" etc.) sind direkt beobachtbar, ihr Wahrheitsgehalt kann sicher bestimmt werden.[13] Will man jedoch etwas über Ursachen und Wirkungen von Tatsachen erfahren ("warum wurde das Produkt X gekauft?"), ist man bereits auf Vermutungen angewiesen. Aussagen über Wirkungszusammenhänge können niemals sicher als wahr oder falsch bestimmt werden, weil man nur beobachten kann, ob zwei Tatsachen gleichzeitig auftreten, nicht aber, ob und wie sie zusammenhängen. Eine Form, Vermutungen zu formulieren und einer objektiven Überprüfung zugänglich zu machen, sind wissenschaftliche Theorien.
Ohne Theorie ist es nicht möglich, systematisch etwas über die Welt zu erfahren. Wenn wir die wirklich relevanten Ursachen für den Erfolg oder Mißerfolg von Werbung herausfinden wollen, geht dies nicht, ohne daß wir zunächst Vermutungen anstellen: Die erste Vermutung betrifft bereits die Frage, welche Tatsachen wir überhaupt untersuchen sollen. Es gibt in der Welt unendlich viele Tatsachen, die möglicherweise für den Erfolg von Werbung wichtig sein könnten. Welche aber sollen wir auswählen und näher untersuchen? Wir wählen den Untersuchungsgegenstand (unter anderem) geleitet durch Vermutungen bzw. Theorien darüber, welche Einflüsse überhaupt bedeutsam sein könnten.
Einen zweiten Komplex von Vermutungen müssen wir bilden, wenn wir herausfinden wollen, wie die Einflüsse genau zusammenhängen. Die Tatsachen können uns nicht selbst erzählen, worauf sie beruhen, wir müssen eine Hypothese über den Wirkungszusammenhang bilden und diese Hypothese dann in der Realität testen.

## Grundstruktur einer Theorie

Wenn Theorien aufgestellt werden, werden immer Aussagen formuliert, die sich in einer "Wenn-dann"-Form ausdrücken lassen. Eine solche Wenn-dann-Aussage nennt man "Hypothese". Eine

[13] Eigentlich sind sogar Tatsachen letztlich nicht eindeutig als wahr oder falsch bestimmbar, denn es läßt sich zeigen, daß zwar nicht die Tatsachen selbst, wohl aber der Vorgang des Beobachtens von Tatsachen bestimmte Annahmen (etwa über das Wesen des Zählens der Käufer) enthält.

Theorie besteht aus einer Kombination mehrerer Hypothesen. Die Hypothese, daß die Neigung, ein Auto zu kaufen, (auch) davon abhängt, wie optimistisch jemand in die Zukunft blickt, läßt sich in einem Wenn-dann-Schema formalisieren, wie es in Abbildung 5 dargestellt wird.

Abbildung 5: Beispiel für das Schema einer Hypothese

Wenn sich unsere beispielhafte Vermutung als richtig erweist, kann sie sehr einfach in eine "Technologie"[14] umgewandelt werden: Zweck dieser Technologie wäre es, den Absatz an Pkws zu erhöhen. Die Funktionsweise der Technologie bestünde darin, den Optimismus der Konsumenten anzuregen. Dies wäre ein brauchbares Instrument für die Anbieter von Pkws. (Vgl. Abbildung 6.)

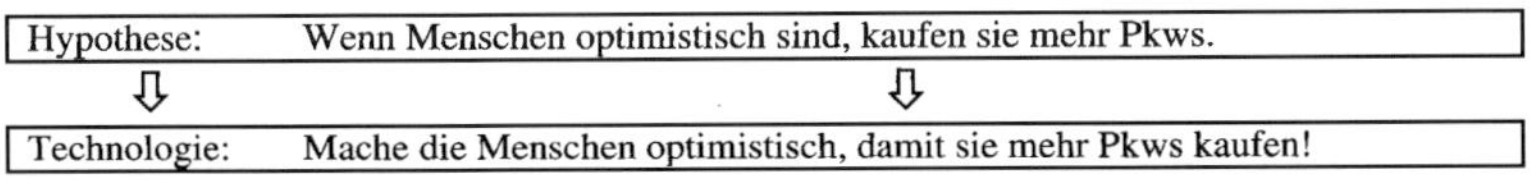


Abbildung 6: Transformation einer Hypothese in eine Technologie

Die Frage aber ist: Wird die Technologie funktionieren? Dazu müssen wir überprüfen, ob die zugrundeliegende Hypothese richtig ist. Dazu wollen wir sie in der Realität testen. Dies geschieht dadurch, daß wir Optimismus und Autokäufe in der Realität messen und diese Meßergebnisse mit unserer Hypothese vergleichen. Wie aber machen wir Optimismus und Autokäufe meßbar?

---

[14] Der Begriff "Technologie" mag hier ein wenig befremdlich wirken, denken wir doch bei "Technologie" zunächst an Maschinen, Computer und ähnliches. Aber es geschieht hier wie dort dasselbe: In einer Maschine werden Erkenntnisse aus den Naturwissenschaften in die Praxis umgesetzt. Werden Erkenntnisse aus Sozialwissenschaften in die Praxis umgesetzt, spricht man von "Sozialtechnologien".

## Operationalisierung

Unsere beispielhafte Wenn-dann-Aussage ist weder objektiv, noch meßbar. Sie ist nicht objektiv, weil verschiedene Personen ganz unterschiedliche Vorstellungen mit dieser Aussage verbinden können: Wann blickt ein Mensch "optimistisch" in die Zukunft? Wenn er sich keine Sorgen macht, wenn er sich auf die Zukunft freut, wenn er die allgemeine Wirtschaftslage gut beurteilt, wenn er erwartet, daß sein Einkommen steigt ...? Die Beispielaussage ist auch nicht meßbar, weil es keine festen Kriterien gibt, mit denen verschiedene Ausprägungen von "Optimismus" oder "Pkw-Käufen" unterschieden werden können: Wann ist ein Mensch "optimistisch", wann "pessimistisch", ist es möglich, daß jemand "optimistischer" ist als ein anderer, wenn ja, kann man auch angeben, um wieviel jemand optimistischer ist ...?

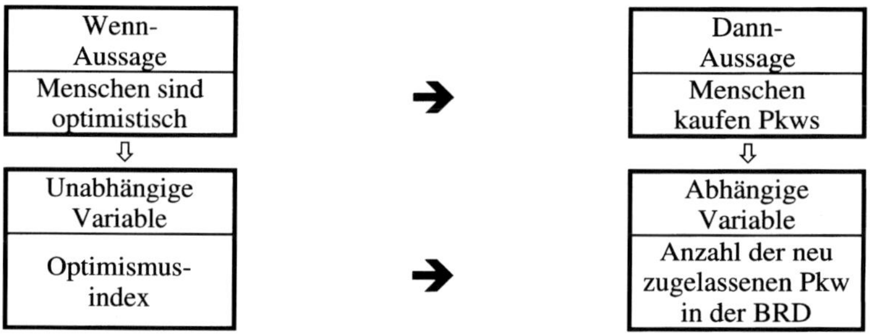


Abbildung 7: Beispiel für die Operationalisierung einer Hypothese

Eine objektiv nicht meßbare Hypothese nennt man auch "nicht operational". Eine Diskussion darüber, ob die Hypothese zutrifft, könnte nicht entschieden werden, weil sich jeder eine andere Vorstellung davon machen kann, was sie bedeutet. Wenn man Hypothesen jedoch auf ihren Wahrheitsgehalt hin überprüfen will, muß man sie operationalisieren, indem man sie an Kriterien festmacht, die objektiv meßbar sind. Dazu müssen die Wenn- und die Dann-Komponente zunächst in (objektiven) Variablen erfaßt werden. Für diese Variablen müssen dann eindeutige Meßvorschriften angegeben werden. Eine mögliche Operationalisierung stellt Abbildung 7 dar.[15]

[15] Vgl. zur genauen Operationalisierung Strümpel et al. (1980).

**Empirische Bewährung**

Ein operationalisierter Zusammenhang kann nun gemessen werden. Abbildung 8 stellt den tatsächlich ("empirisch") gemessenen Zusammenhang zwischen Optimismusindex und Pkw-Neuwagenkäufen graphisch dar.

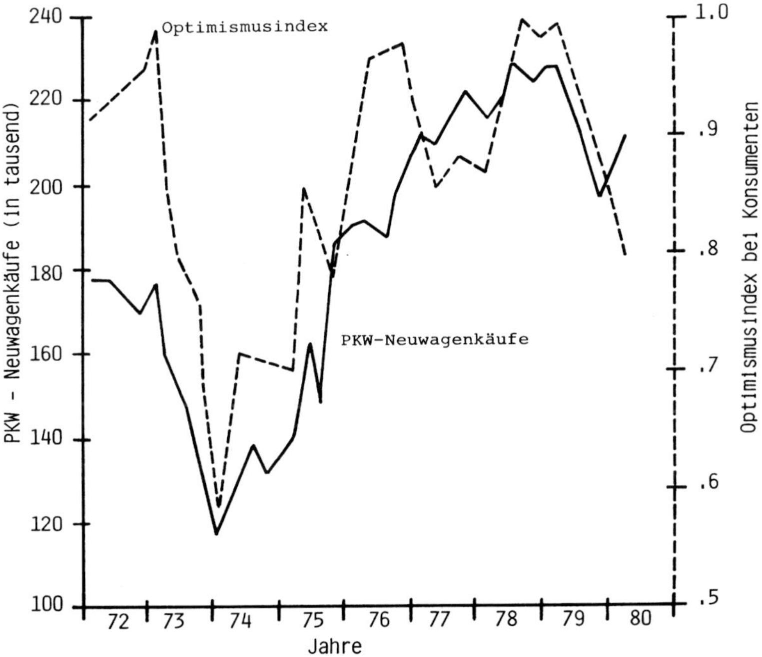


Abbildung 8: Die Beziehung zwischen Optimismusindex und Pkw-Neuwagenkauf in der Bundesrepublik Deutschland von 1972 bis 1980
(Nach Strümpel et al. 1980, S. 42.)

Aus der Grafik in Abbildung 8 ist ersichtlich, daß tatsächlich in den Jahren 1972 bis 1980 die abhängige Variable der Neuwagenkäufe sich in ungefähr gleicher Richtung bewegt hat wie der Optimismusindex, der Variablen, von der die Neuwagenkäufe hypothetisch abhängen. Kann damit der Zusammenhang als bewiesen gelten? Wird aus der bisherigen Vermutung (Hypothese) nun eine wahre Tatsache? Nein! Die Hypothese bleibt immer eine Vermutung, die sich allerdings - und das ist eine echte Erkenntnis -

"empirisch bewährt" hat, weil sie durch die in der Realität vorgefundenen Daten nicht widerlegt werden konnte. Wir können also "bis auf weiteres" (nicht endgültig) davon ausgehen, daß unsere Technologie zur Steigerung des Autoabsatzes funktionieren wird.
Für Theorien mit Realitätsbezug gibt es keine Beweise (wie sie etwa in der abstrakten Wissenschaft der Mathematik möglich sind), sondern nur eine empirische Bewährung. Dafür sprechen drei Argumente:

1. Zufall: Die empirisch gefundene Gleichzeitigkeit in den Schwankungen von Optimismusindex und Pkw-Neuwagenkäufen beruht eventuell nicht auf einem Zusammenhang, sondern auf einem Zufall. Dieses Argument kann teilweise entkräftet werden, denn es ist in vielen Fällen statistisch möglich, eine Wahrscheinlichkeit für die Zufälligkeit eines Zusammenhanges auszurechnen. Wird ein Zusammenhang als "signifikant" gekennzeichnet, heißt dies in der Regel folgendes: Die Wahrscheinlichkeit, daß sich die Variablen rein zufällig gemäß der Vermutung verhalten haben, ist kleiner als 5%[16]. Aber dennoch: Fünf von hundert (oder etwas weniger) solcher "abgesicherten" Hypothesen beruhen doch auf Zufall!
2. Wirkungsrichtung: Auch wenn man mit hoher Wahrscheinlichkeit davon ausgehen kann, daß Neuwagenkäufe und Optimismus zusammenhängen, ist nicht sicher, daß die Richtung des Zusammenhanges richtig vermutet wird. Es wäre denkbar, daß nicht die Neuwagenkäufe vom Optimismus abhängen, sondern umgekehrt Personen, die sich ein neues Auto gekauft haben, so große Freude haben, daß sie optimistischer in die Zukunft blicken. Dann hinge der Optimismus von den Neuwagenkäufen ab.
3. Scheinkorrelation: Es ist ebenfalls gut möglich, daß sich die zwei Variablen in gleicher Richtung bewegen, ohne daß zwi-

[16] Die Höhe der zugelassenen Irrtumswahrscheinlichkeit bei der Beurteilung eines Zusammenhanges als signifikant, muß letztlich für jede Studie einzeln abgeschätzt werden. 5% sind nur ein Richtmaß, das allerdings oft verwendet wird.

schen ihnen ein Ursache-Wirkungs-Zusammenhang besteht. Optimismus und Neuwagenkäufe sind in diesem Fall zwar gegenseitig unabhängig, aber sie hängen beide von einer dritten, nicht betrachteten Ursache ab. Z. B. könnte es sein, daß Neuwagenkäufe und Optimismus vom Einkommen abhängen. Wenn das Einkommen steigt, nehmen gleichzeitig auch Autokäufe und Optimismus zu.

Auch wenn wir davon ausgehen, daß unsere Technologie funktioniert, müssen wir einkalkulieren, daß wir uns geirrt haben. In jedem der drei eben aufgezeigten Fälle, würde der Versuch scheitern, den Pkw-Absatz zu fördern, indem der Optimismus der Konsumenten angeregt wird. Wir würden nur eine scheinbare, nicht aber eine wirkliche Ursache für die Neigung zum Autokauf verändern.

**Intervenierende Variable**

Es gibt noch einen vierten "Stolperstein", der bei der Untersuchung von Zusammenhängen zu beachten ist: Der beobachtete Zusammenhang war eventuell in den Jahren 1972 bis 1980 nur deshalb stabil, weil sich bestimmte "intervenierende" Variable, die gleichsam zwischen Optimismus und Neuwagenkauf stehen, in dieser Zeit nicht verändert haben.

Ein Beispiel für eine intervenierende Variable könnte etwa die Einstellung zum Auto sein: Menschen, die eine positive Einstellung zum Auto haben, sind in optimistischen Zeiten geneigt, ein Auto zu kaufen, während Menschen, die eine ablehnende Haltung zum Auto haben, in optimistischen Zeiten zwar auch größere Anschaffungen machen, aber eben keine Autos, sondern andere Dinge kaufen. Für die erste Gruppe bestünde damit ein starker Zusammenhang, für die zweite Gruppe dagegen gar keiner.

Hätte in dem betrachteten Zeitraum eine überwiegende Ablehnung zum Auto geherrscht oder hätten die Einstellungen stark geschwankt, wäre ein Zusammenhang nicht zu beobachten gewesen. Bei einer differenzierteren Betrachtung dagegen wären die vorhandenen Zusammenhänge stärker "herausgekommen". Abbildung 9 stellt beispielhaft dar, wie eine differenziertere Hypothese zum Kaufverhalten bei Pkws aussehen könnte.

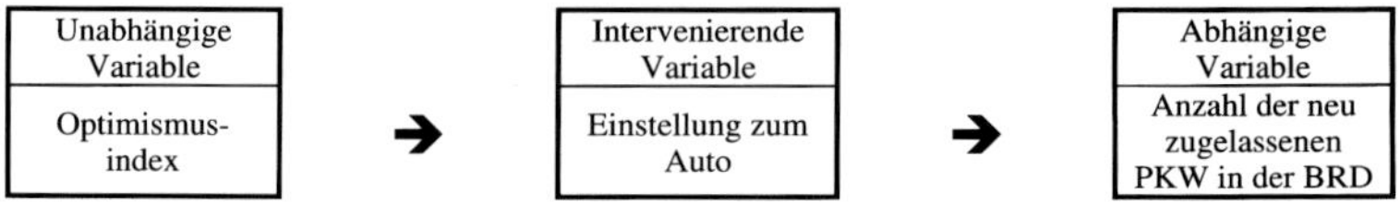


Abbildung 9: Beispiel einer differenzierten Hypothese

Wenn man eine zuverlässige Prognose für die Neuwagenkäufe in den nächsten Jahren abgeben möchte, dürfte es jedoch nötig sein, mehr Einflußfaktoren zu betrachten als nur den Optimismus. Deshalb ist es vielfach sinnvoll und mit Hilfe moderner statistischer Verfahren auch möglich, mehrere unabhängige Variablen, mehrere intervenierende Variablen oder/und mehrere abhängige Variablen gleichzeitig zu betrachten. Ein gedanklicher Apparat, in dem ein oder mehrere hypothetische Zusammenhänge zwischen Variablen simuliert werden können, wird auch "theoretisches Modell" genannt.

## 3.2. Das S-O-R-Modell als Grundlage für die Werbepsychologie

*Dieses Kapitel*
- stellt das Grundschema für werbepsychologische Forschungen vor und
- diskutiert kurz die Probleme dieser Sichtweise.

Die Werbepsychologie braucht ein theoretisches Modell, das zumindest einen Rahmen dafür bieten muß, um psychische Wirkungsweisen von Werbemaßnahmen zu betrachten. In aller Regel wird dabei ein "S-R" oder "S-O-R-Modell" unterstellt. Diese Modelle sollen hier kurz dargestellt werden.

**S-R-Modell**

Im "Stimulus-Response"-Modell (S-R) wird untersucht, wie die Person auf bestimmte Reize (Stimuli) mit beobachtbarem Verhalten reagiert (Response). Das Modell ist schematisch in Abbildung 10 dargestellt. Wenn untersucht wird, ob sich infolge einer Werbemaßnahme der Absatz des zugehörigen Produktes erhöht hat, wird ein S-R-Modell zugrunde gelegt. Dieses Modell ist in seiner Struktur vergleichsweise einfach. Dies hat den Vorteil, daß Studien, die auf Basis dieses Modells entwickelt werden, häufig leicht verständlich, leicht operationalisierbar und leicht auszuwerten sind.

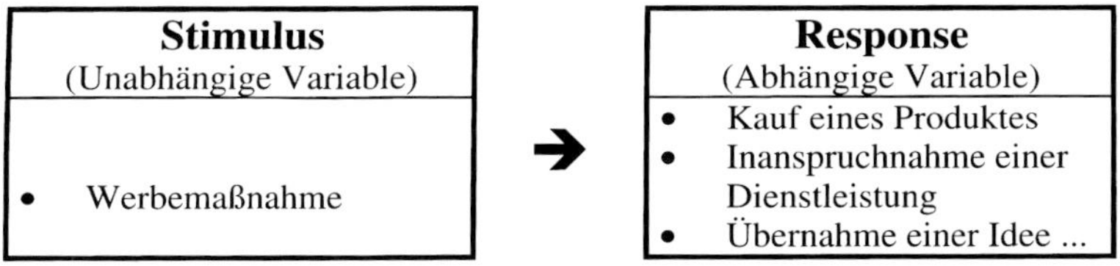


Abbildung 10: S-R-Modell der Werbewirkung

**S-O-R-Modell**

Nicht betrachtet wird in diesem einfachen Modell jedoch, daß zwischen den Reizen und dem (Kauf-) Verhalten eine einzelne Person steht. Aufgrund von Unterschieden in der Person ist es allerdings häufig nicht so, daß verschiedene Personen auf gleiche Reize auch immer gleich reagieren. Deshalb ist es bei vielen Fragestellungen sinnvoll, Prozesse in der Person als intervenierende Variable zu berücksichtigen. Ein solches um "Organismus-Variablen" (O) erweitertes Reiz-Reaktionsmodell wird in Abbildung 11 illustriert. Man kann erkennen, daß die folgenden Kapitel in diesem Buch genau die Prozesse untersuchen, die im Organismus ablaufen, wenn die Person Reizen aus der Werbung ausgesetzt wird.

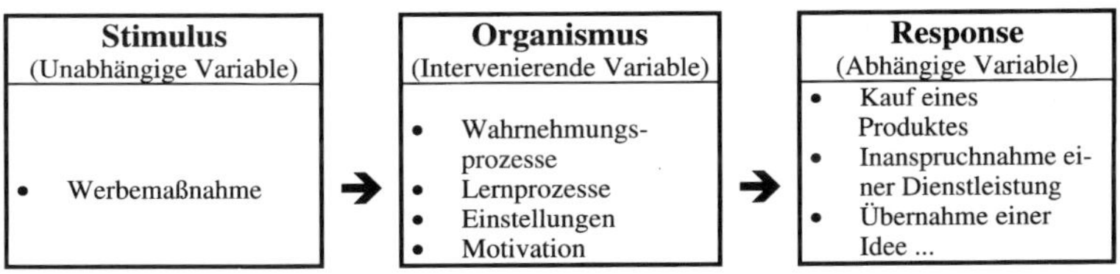


Abbildung 11: S-O-R-Modell der Werbewirkung

Als problematisch erweist sich bei diesem Modell allerdings, daß die Prozesse im Organismus, anders als offenes Verhalten, nicht

direkt zugänglich sind. Dies entspricht eigentlich nicht der im vorangegangenen Punkt geforderten Objektivität wissenschaftlicher Theorien. Vielmehr ist man bei der theoretischen Modellierung von O-Variablen immer auf eine Art "Hilfskonstruktion" angewiesen. Entweder werden O-Variablen über die subjektiven Äußerungen der untersuchten Personen operationalisiert oder über objektiv meßbare Ersatzkriterien, wie etwa Pulsschlag, elektrische Hautleitfähigkeit, Vergrößerung der Pupillen oder Blickverläufe.[17]
Dafür kann im S-O-R-Modell erheblich differenzierter geforscht werden als in einem S-R-Modell. Wir sollten jedoch bedenken, daß auch das S-O-R-Modell Einflüsse unberücksichtigt läßt. Umweltbedingungen, die nicht direkt "Reize" sind, wie etwa die allgemeine wirtschaftliche Lage, haben durchaus Einfluß auf das Verhalten und die Wirkung von Werbemaßnahmen. Darüber hinaus betrachtet das S-O-R-Modell den einzelnen Menschen isoliert. Gruppenprozesse, beispielsweise in einer Familie, die gemeinsam vor dem Fernsehgerät sitzt, können die individuelle Beurteilung von Werbung nicht unwesentlich beeinflussen und werden ihrerseits u.U. auch durch Werbung beeinflußt.

### Das Menschenbild des S-O-R-Modells

Eine grundsätzliche Annahme liegt sowohl dem S-R- als auch dem S-O-R-Modell zugrunde, und diese Annahme schränkt das Weltbild der Werbepsychologie nicht unwesentlich ein: Die Modelle gehen immer davon aus, daß der Konsument auf Reize reagiert. Aktiv in diesem Modell sind nur die Anbieter, die mit Werbemaßnahmen Reize setzen. Der Konsument, auch wenn ihm individuelle Wahrnehmungs-, Lern- etc. -Prozesse zugebilligt werden, ist letztlich passiv und von außen gesteuert.
Ist es aber nicht auch möglich und sogar wahrscheinlich, daß ein Mensch aus einem freien Willen heraus den Wunsch faßt, ein bestimmtes Produkt zu kaufen, daraufhin aktiv nach Informationen sucht, diese Information beurteilt und darauf auf-

[17] Man beachte: Die Aussage "ich habe Angst" oder die Beobachtung einer Verringerung des Hautwiderstandes sind nur Indizien für den inneren Zustand der Aktivierung, nicht die Aktivierung selbst.

bauend eine eigenständige Kaufentscheidung trifft? Auch in diesem Weltbild kommt Werbung vor, aber nicht als Reiz, um "Konsumäffchen"[18] zu steuern, sondern als ein Informationsangebot, auf das ein Entscheider neben anderen Informationsangeboten zugreifen kann. Diese Sichtweise wird in Kapitel 8 als Grundlage verwendet, um die Bedeutung von kognitiven Verarbeitungsprozessen für die Werbepsychologie zu ermessen.

**Organismus-Variable als abhängige Variable**

Um Mißverständnisse zu vermeiden sei am Ende dieses Punktes noch erwähnt, daß das S-O-R-Modell nicht notwendigerweise bedeutet, daß in psychologischen Untersuchungen S die unabhängige, O die intervenierende und R die abhängige Variable darstellt. Vielmehr wird es im zweiten Teil des Buches so sein, daß Organismusvariablen im Zentrum der Betrachtung stehen und in vielen Untersuchungen die abhängige Variable darstellen. Beispielsweise fungiert die Organismusvariable "Wahrnehmung" als abhängige Variable, wenn erforscht werden soll, ob Kleinanzeigen eher beachtet werden, wenn sie oben, in der Mitte oder unten auf einer Seite plaziert werden. Die Plazierung der Anzeige ist dabei die systematisch zu variierende unabhängige Variable.

## 3.3. Grundsätzliche Methoden zur Gewinnung werbepsychologischer Erkenntnisse

*Dieses Kapitel*
- gibt einen Überblick über die Methoden, mit denen werbepsychologische Erkenntnisse gewonnen werden können.

Nachdem wir mit dem S-O-R-Modell ein Grundkonzept gefunden haben, in dem werbepsychologische Zusammenhänge modelliert werden können, ist nun zu klären, mit Hilfe welcher Methoden Erkenntnisse in diesem Modell gewonnen werden können. Da

[18] Kroeber-Riel (1992), S. 679.

die Werbepsychologie als angewandte Wissenschaft nicht nur rein theoretische Überlegungen, "am grünen Tisch", anstellt, sondern auch ihre Vermutungen in der Realität testet, braucht sie ein Instrumentarium, um Informationen aus der realen Welt zu gewinnen.
Für das Vorgehen bei der empirischen Forschung können drei Aspekte unterschieden werden, die sich untereinander beliebig kombinieren lassen:[19]

**Aktivität des Forschers**
In den wohl meisten Fällen versuchen werbepsychologische Forscher Informationen zu erhalten, indem sie eine *Befragung* durchführen. Sie erhalten damit subjektive Informationen von den Befragten. Soll dagegen objektives Verhalten gemessen werden, wendet man die Methode der *Beobachtung* an. Völlig subjektiv dagegen ist die *Introspektion,* bei der der Forscher in sich selbst hineinschaut und etwa seine Gefühle erkundet. Er kann darüber keine nachprüfbaren Aussagen machen, deshalb ist die Introspektion eigentlich nur dafür geeignet, Ideen für Hypothesen zu generieren, nicht jedoch Hypothesen zu testen.

**Strategie des Forschers**
Als "Königsweg" der Methoden gilt vielfach das psychologische *Experiment.* Da im Experiment die Versuchsbedingungen genau so eingestellt und verändert werden können, wie es der Versuchsleiter wünscht, sind die Ergebnisse objektiv und jederzeit wiederholbar. In einem *quasi-experimentellen Vorgehen* kann der Versuchsleiter die Bedingungen nicht nach seinem Willen verändern, kann aber eine Situation ausnutzen, in der für vergleichbare Gruppen verschiedene Bedingungen gelten. Ein solches Quasi-Experiment liegt etwa vor, wenn ein Forscher zwei vergleichbare Supermärkte beobachtet und dabei die Situation ausnutzt, daß in einem Supermarkt gerade eine bestimmte Verkaufsförderungsaktion läuft, während im anderen das Geschäft ganz normal weiterläuft.

---

19 Vgl. von Rosenstiel/Neumann (1991), S. 1ff. und von Rosenstiel (1992), S. 18ff.

Es ist aber häufig auch sinnvoll, *Informationen systematisch zu gewinnen,* ohne ein experimentelles Design anzuwenden. Dies geschieht etwa, wenn nach einem vorher festgelegten Plan Konsumenten über ihre Einstellungen zu einem Produkt befragt werden. Dabei ist es nicht nötig, irgendwelche Bedingungen zu manipulieren. Schließlich gibt es natürlich auch die *unsystematische Informationsgewinnung,* wenn dem Forscher etwa während eines Experimentes zufällig ein Phänomen auffällt, das eigentlich nicht im Untersuchungsplan enthalten war. Solche Zufälle können zu neuen Entdeckungen führen. Man kann aber nicht erwarten, daß man etwas herausfindet, wenn man ohne Systematik "drauflosforscht".

### Ort der Forschung

Experimente finden häufig (nicht immer!) im *Labor* statt, in einer künstlich hergestellten Situation. Hier hat man zwar alle Bedingungen "im Griff", aber man muß auch damit rechnen, daß sich die Versuchspersonen anders verhalten als in ihrer gewohnten Umgebung. Daher ist es auch sinnvoll, Untersuchungen in der Realität, im *"Feld"* anzustellen.

Die eben beschriebenen Methoden lassen sich untereinander kombinieren, wie dies Abbildung 12 illustriert.

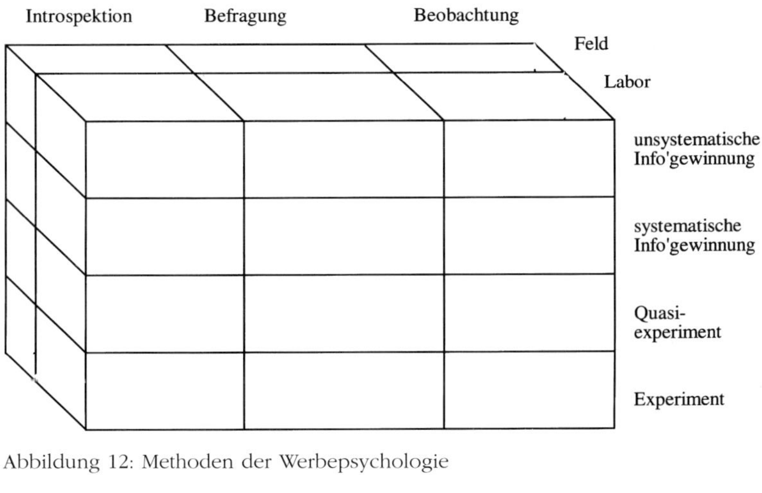


Abbildung 12: Methoden der Werbepsychologie

Wenn wir die Bedeutung werbepsychologischer Forschungsergebnisse für die Praxis beurteilen wollen, ist es von großer Bedeutung zu wissen, mit welchen Methoden diese Ergebnisse entstanden sind. Vor allem, wenn die Methodik nicht dokumentiert wird, oder wenig objektive Verfahren der Informationsgewinnung angewendet werden, ist Vorsicht geboten.

## 3.4. Wie mißt man die Wirksamkeit von Werbung?

*Dieses Kapitel*
- fragt, welche Kriterien anzulegen sind, um den Erfolg von Werbung richtig zu beurteilen,
- diskutiert die Bedeutung von psychologischen Maßgrößen für die Beurteilung von Werbung und
- plädiert dafür, daß psychologische Analyse und kreative Gestaltung ineinandergreifen.

Ein letztes methodisches Problem bleibt noch zu klären: An welchen Kriterien soll sich die Werbepsychologie ausrichten, wenn es darum geht, die Werbung wirksamer zu machen?

**Erfolg von Werbung**

Letztlich kommt es darauf an, mit Werbung die gewünschte Verhaltensreaktion (also im S-O-R-Modell R) zu erzielen. In den meisten Fällen kommerzieller Werbung wird damit der Kauf des Produktes durch möglichst viele Käufer angestrebt. Ob Werbung wirksam ist, muß sich letztlich an den tatsächlichen Verkaufszahlen erweisen.

Bei der Messung dieser Erfolgsgröße treten freilich viele schwerwiegende Probleme auf: Läßt sich der Verkaufserfolg tatsächlich auf die Werbung zurückführen und wenn ja, zu welchem Anteil? Inwieweit sind die anderen Instrumente des Marketing verantwortlich? War die eigene Werbung gut, oder hat nur die Konkurrenz einen Fehler gemacht? Haben wir von allgemeinen Trends, die nichts mit unserer Leistung zu tun haben, profitiert? Die Liste der Probleme in der Erfolgsmessung läßt sich fortführen.

Diese Probleme sind jedoch weniger psychologischer Art, sondern werden in einschlägigen ökonomischen Lehrbüchern behandelt.[20]

Hier interessiert ein anderer Aspekt: Auch wenn es gelingt, den Einfluß einer einzelnen Werbemaßnahme auf den Verkaufserfolg isoliert zu messen[21], kann damit nur im Nachhinein und global die Wirksamkeit von Werbung erfaßt werden. Damit ist der Verkaufserfolg ein Maß, mit dem sich bestimmen läßt, ob eine Werbemaßnahme als Ganzes wirksam ist oder nicht. Diese Information ist ausgesprochen wichtig, aber nicht ausreichend.

**Analyse des Werbeerfolges**

Aus dem globalen Verkaufserfolg läßt sich nämlich nicht ablesen, warum eine Werbemaßnahme wirkt oder eben nicht wirkt. Will man aber zu konkreten Verbesserungen kommen, muß man die Ursachen aufklären, die für den Erfolg oder Mißerfolg verantwortlich sind. Dazu muß der globale Erfolg in die richtigen Größen für Teilerfolge zerlegt werden. Die Teilerfolgsgrößen müssen die folgenden zwei Bedingungen erfüllen:

1. Die Teilerfolge müssen eine Ursache für den Verkaufserfolg sein. (Sonst sind sie irrelevant.)
2. Die Teilerfolge müssen von der Gestaltung der Werbung abhängen. (Sonst sind sie Teilerfolge für andere Marketingmaßnahmen.)

Was sind nun die relevanten Teilerfolge für den Verkaufserfolg. Es sind genau die Faktoren, die das Kaufverhalten steuern. Gemäß unserem werbepsychologischen S-O-R-Modell ist der Verkaufserfolg in R, die relevanten Teilerfolge sind somit in zunächst O zu suchen, da die Prozesse im Organismus das Verhalten direkt steuern. Wenn also eine Werbemaßnahme unwirksam ist, können wir weiter forschen und fragen, ob sie genügend Aktivierungspotential hat, um zu einem Kauf anzure-

[20] Vgl. z. B. Meffert (1991), Nieschlag et al. (1980), Böcker (1992).
[21] Dies ist z.B. in Testmärkten durchaus befriedigend möglich.

gen, ob sie hinreichend dazu beiträgt, eine positive Einstellung zum Produkt zu gewinnen etc. Die Analyse geht zurück bis zu der Frage, ob die Werbung überhaupt wahrgenommen wird, wobei hier auch ein Teilerfolg in S zu suchen ist, denn es ist bereits ein gewisser Erfolg, wenn die Werbung so plaziert werden kann, daß die Konsumenten mit ihr in Berührung kommen. (Was nützt die beste Anzeige, wenn die Zeitung gar nicht gelesen wird?). Die Analyse des Werbeerfolgs illustriert auch Abbildung 13.

Abbildung 13: Wirksamkeitsanalyse im S-O-R-Modell
Die Analyse der Wirksamkeit einer Werbemaßnahme geht im S-O-R-Modell rückwärts vom globalen Erfolg in R zu den Teilerfolgen in O.

## Konzeption erfolgversprechender Werbung

Während man bei der Erfolgskontrolle gleichsam "rückwärts" im S-O-R-Modell geht und Ursachen erforscht, ist bei der Konzeption einer Werbemaßnahme ein Vorgehen in der anderen Richtung angezeigt. Wir können im vorhinein zumindest ansatzweise sicherstellen, ob eine geplante Werbemaßnahme Aussicht auf Erfolg hat. Dafür ist es notwendig, schrittweise vorzugehen, um

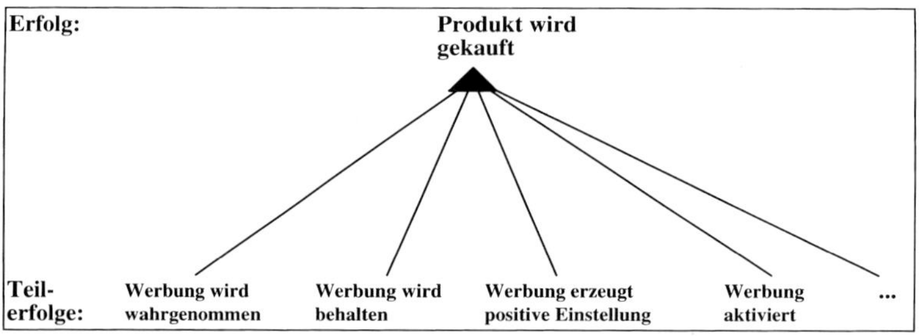


Abbildung 14: Erfolgsgrößen für die Werbung

herauszufinden, wo genau eventuelle Mängel einer Maßnahme liegen könnten. Mit der Vorabkontrolle von Maßgrößen für die Teilerfolge legen wir ein breites und abgesichertes Fundament für den späteren Gesamterfolg.

**Analytisches oder kreatives Vorgehen bei der Gestaltung von Werbung?**

Wenn man bei der Konzeption von Werbung schrittweise analysiert, wie die Maßnahme wahrgenommen wird, wie sie behalten wird, wie sie auf die Einstellungen und Gefühle wirkt, wird da nicht vor lauter Analysieren die Kreativität der Werbegestaltung zerstört?

Das analytische Vorgehen kann den kreativen Prozeß der Gestaltung nicht ersetzen. Dies vor allen Dingen aus zwei Gründen. Erstens liefert Analyse keine Ideen für Neues, sondern kann nur Vorhandenes erhellen. Zweitens - und dieser Punkt ist ausgesprochen wichtig - ist die Gesamtwirkung einer Werbemaßnahme mehr als die Summe ihrer analysierbaren Einzelteile. Erste Grundlage einer erfolgreichen Werbung ist daher die kreative Gesamtgestaltung.

Die Kreativität kann und muß gefördert werden. Viele Anbieter scheinen sich nicht recht zu trauen, neue und kreative Konzepte umzusetzen, sondern orientieren sich lieber an bewährten Schemata. Das Ergebnis sind mehr oder weniger austauschbare Werbeanzeigen und Werbespots, die dem Konsumenten kaum einen Anlaß geben, ausgerechnet dieses Produkt anstelle des austauschbaren Konkurrenzproduktes zu kaufen. Man sieht hier aber auch den Vorteil dieser Strategie: Austauschbare Werbung liefert zwar keinen Anlaß zur eigenen Marke zuzuwandern, sie liefert aber auch keinen Anlaß, von der eigenen Marke abzuwandern.

Kreative Werbung bedeutet also immer ein großes Risiko für den Anbieter, Kunden zu verprellen. Dieses Risiko ist tendenziell größer als die möglichen Chancen, denn es hat sich in den meisten Märkten gezeigt, daß es außerordentlich schwierig ist, einmal verlorene Kunden wieder zurückzugewinnen.

Also doch keine Kreativität, lieber auf die Chancen verzichten? Hier kann die Analyse kreativen Werbeideen zum Durchbruch

verhelfen. Indem in Vorabtests möglicherweise negativ wirkende Elemente identifiziert und aussortiert werden, wird das Risiko für den Anbieter eingegrenzt. Da die Analysen in der Regel immer auch Hinweise auf Verbesserungen liefern, werden Denkanstöße produziert, die zu noch besseren Ideen führen können.
Die im folgenden vorzustellenden *Methoden zur detaillierten Analyse von Werbewirkungen* auf das menschliche Erleben und Verhalten können also wesentlich dazu beitragen, die *Risiken eines kreativen Werbekonzeptes zu verringern, und gleichzeitig die Chancen zu erhöhen.*

# Teil II:

# Psychische Prozesse und ihre Bedeutung für die Werbung

# 4. WAHRNEHMUNGSPROZESSE

Die erste psychische "Hürde", die Werbeinformation überspringen muß, ist die Wahrnehmung. Diese Hürde ist ausgesprochen hoch. Man weiß inzwischen, daß der größte Teil der Werbung nicht oder zumindest nicht bewußt wahrgenommen wird. Dies gilt auch für den Teil der Werbung, mit dem die Empfänger durchaus in Berührung kommen.

Für die Leser des "Stern" hat Kroeber-Riel herausgefunden, daß sie durchschnittlich ca. 83% der in einem Heft enthaltenen Information nicht wahrnehmen. Er ist dabei folgendermaßen vorgegangen:[22] Für ein Heft der Illustrierten "Stern" wurde ermittelt, wie viele Informationseinheiten insgesamt dargeboten werden. Die Aufnahme aller Informationseinheiten würde je nach Lesegeschwindigkeit 4,5 bis 7 Stunden (im Mittel also 5,75 Stunden) erfordern. Empirisch wurde als durchschnittliche Lesezeit eines Heftes ca. 60 Minuten ermittelt. Information für eine Lesezeit von 4,75 Stunden (=83%) wird nicht beachtet.

Wahrnehmung wollen wir im folgenden das nennen, welches aus der Außenwelt durch unsere Sinnesorgane in die "innere Welt" unseres Gehirnes gelangt. Für die folgenden Überlegungen muß betont werden, daß Wahrnehmung nicht so funktioniert, wie es uns in unserem alltäglichen Leben scheinen mag. Mitnichten nehmen wir die Welt so wahr, wie sie ist. Neuere Forschungen über das menschliche Gehirn zeigen, daß unsere "innere Welt" ein in sich geschlossenes System ist, das nur in sehr sehr lockerer Verbindung mit der Außenwelt steht: Reize aus unserer Umwelt dringen zunächst einmal *nicht* in unser Bewußtsein ein.[23]

Wäre dies der Fall, müßten wir zu jeder Zeit gleichzeitig eine riesige Menge an Information verarbeiten, die wir gar nicht benötigen. Stellen Sie sich vor, Sie müßten sich beim Lesen dieses Buches gleichzeitig damit beschäftigen, welchen Geschmack Sie auf der Zunge haben, wie die Luft riecht, wie sich jede einzelne

[22] Vgl. Kroeber-Riel (1987) und Kroeber-Riel (1993), S. 13f.

[23] Vgl. hierzu und zum folgenden z. B.: Maturana/Varela (1986), Roth (1987).

Faser Ihrer Kleidungsstücke auf der Haut anfühlt, welche Geräusche sich in der Ferne abspielen usw. Unser Gehirn wäre völlig überfordert, wenn es alle Reize auf einmal verarbeiten müßte.

Zudem können wir rein technisch nur einen begrenzten Ausschnitt der Welt wahrnehmen. Das Auge z. B. sieht elektromagnetische Schwingungen im Bereich von 400 bis 800 Billionen Schwingungen pro Sekunde als Farben. Niedrigere Frequenzen, wie z. B. Radiowellen oder höhere Frequenzen wie radioaktive Strahlung können wir weder sehen noch mit einem anderen Organ wahrnehmen.

Nur wenn das innere System durch äußere Einwirkungen so erschüttert wird, daß die innere Welt nicht mehr geeignet ist, um sich in der (unendlich komplexeren) äußeren Welt zurechtzufinden, verarbeitet unser Gehirn äußere Reize. Es tut dies aber selektiv und auf Basis des vorhandenen Weltbildes. Wahrnehmung also entspringt aus einer vorhandenen inneren Welt und dient dazu, die innere Welt funktionsfähig zu halten. Sie dient nicht dazu, die äußere Welt so darzustellen, wie sie ist. Diese Erkenntnis hat fundamentale Bedeutung für die Werbung, wie sich in den folgenden vier Unterkapiteln zeigen wird.

Eine Theorie über den Ablauf von Wahrnehmung, die mit diesen Überlegungen in Einklang steht, ist die "Hypothesentheorie der Wahrnehmung". Danach läuft die Wahrnehmung in drei wesentlichen Stufen ab:

1. Das Individuum geht mit bestimmten Hoffnungen, Erwartungen, Befürchtungen an die Umwelt heran. Es hat sozusagen bestimmte Hypothesen über die Umwelt.
2. Die Umwelt liefert bestimmte objektive Informationen, die als Reize auf das Individuum einwirken.
3. Die erlebte Wahrnehmung ist schließlich ein Kompromiß zwischen subjektiver Hypothese und objektiver Information.

Es leuchtet dabei ein, daß die Gewichte unterschiedlich verteilt sein können. Blickt man in unbestimmte Formen - liegt man auf der Wiese und starrt in die vorüberziehenden Wolken - so wird

man jeweils anderes darin zu erkennen glauben, wenn man traurig bzw. heiter ist. Die Wahrnehmung ist hier stark durch die Hypothese, durch die Motivation der Person, bestimmt. Darauf bauen viele psychologische Persönlichkeitstests auf, die berühmt-berüchtigten Tintenklecks-Verfahren zum Beispiel.
Betrachtet man dagegen eine prägnant gehaltene technische Zeichnung, so wird die Wahrnehmung durch unsere Erwartungen kaum nennenswert beeinflußt werden können. Das Wahrnehmungsbild ist hier also vor allem vom Reiz bestimmt.

## 4.1. Wann wird Werbung überhaupt wahrgenommen (Wahrnehmungsselektion)?

*Dieses Kapitel*
- plädiert dafür, Werbemaßnahmen als Gesamtgestalten zu analysieren,
- gibt Hinweise, wie man zu prägnanten und damit besser wahrgenommenen Gestalten kommt und
- betont die inhaltliche Bedeutung (Involvement) für die Wahrnehmung.

Hier soll untersucht werden, was wir in der Gestaltung der Werbung tun können, um überhaupt wahrgenommen zu werden. Es wäre schön, wenn sich einfach angeben ließe: Die Farbe Rot bewirkt eine größere Zuwendung als Blau,... eine Vergrößerung der Werbeanzeige um 100% bewirkt eine Erhöhung der Beachtung um 41%,... Tatsächlich gibt es eine Vielzahl von Studien, die isoliert die Wirkung einzelner Reize auf die Wahrnehmung untersuchen. Diese Ansätze sind jedoch für die Werbung sehr begrenzt hilfreich, weil die Gesamtwahrnehmung einer Werbemaßnahme nicht aus der Summe der Einzelelemente zusammengesetzt ist.
In einem später berühmt gewordenen Artikel - "Über Gestaltqualitäten" benannt - beschäftigte sich Christian von Ehrenfels noch vor der Jahrhundertwende mit der Melodie. Es sei doch

bemerkenswert, daß man eine Melodie in verschiedenen Tonlagen spielen könne, es bleibe stets die gleiche Melodie, obwohl sich alle Einzeltöne verändert hätten. Noch etwas ist bei der Melodie auffällig: Läßt man alle Töne unverändert, bringt sie aber in eine andere Reihenfolge, so entsteht im besten Falle eine andere Melodie, wahrscheinlich aber Tonsalat. Die Melodie ist also aus ihren Elementen, den Tönen, nicht zu erklären. Sie können sich alle verändern, die Melodie bleibt dennoch die gleiche. Das ist beim Transponieren der Fall. Sie können alle gleich geblieben sein, die Melodie kann sich dennoch verändern. Das ist so, wenn man sie ohne Rücksicht auf die Reihenfolge wie Glieder einer Summe zusammenstellt. Ob man zwei plus drei sagt oder drei plus zwei - das Ergebnis bleibt sich gleich, bleibt fünf. Für die Töne einer Melodie gilt das nicht. Ändert man ihre Reihenfolge, so ändert sich das Ergebnis, die Melodie. Die Melodie ist nicht Summe, sie ist Gestalt.
Vor diesem Hintergrund ist es nicht möglich, in Einzelheiten anzugeben, wie man eine Werbeanzeige oder einen Werbespot zusammensetzen muß, damit er leicht wahrnehmbar ist. Wahrnehmungsbilder lassen sich nicht aus Einzelteilen zusammenfügen, sie sind Gesamtgestalten. Daher lassen sich nur eher "weiche" Hinweise geben, in welche Richtung wir suchen können, um zu guter Wahrnehmbarkeit zu gelangen.
Wenn man ein Lexikon an der Stelle aufschlägt, an der die Flaggen der verschiedenen Nationen abgebildet sind, wird einem die japanische Flagge besonders auffallen, obwohl sie nicht größer ist als die anderen. Sie hat aber offenbar eine Gestalt, die sie besonders auffällig macht und die anderen Flaggen zu einem Hintergrund werden läßt. Deutschen Betrachtern wird zudem auch die deutsche Flagge besonders häufig auffallen. Diese Flagge hat zwar keine besonders auffällige Gestalt, aber sie ist für einen deutschen Betrachter besonders bedeutsam.
Es sind zwei Felder näher zu betrachten, die für die sogenannte "Wahrnehmungsselektion" von besonderer Bedeutung sind:

1. Formal prägnante Gegenstände werden eher wahrgenommen.
2. Inhaltlich bedeutsame Gegenstände werden eher wahrgenommen.

**Bessere Wahrnehmung durch prägnante Gestaltung**

Von besonderer Bedeutung für die Werbung sind vor allem optisch prägnante Reize. Um zu einer auffälligen Gestaltung zu kommen, können vier Hinweise zusammengetragen werden, die allerdings nicht als feststehende Regeln mißverstanden werden sollten:

- **Figur und Grund**: Klebt man ein kleines buntes Dreieck auf ein weißes Blatt Papier, tritt das Dreieck als Figur hervor. Die weiße Fläche wird weniger beachtet, obwohl sie als wesentlich größere Fläche eigentlich einen viel stärkeren Reiz darstellt. Gegenstände, die in der Werbung besonders betont werden sollen, können hervorgehoben werden, indem sie vor einem Hintergrund kontrastiert werden. Große einfarbige Flächen sind keine Platzverschwendung, wenn sie dazu dienen, einen Gegenstand hervorzuheben. (Vgl. auch Abbildung 15)
- **Form**: Formen, die geschlossen, regelmäßig, einheitlich, symmetrisch, einfach und knapp sind, sind tendenziell prägnanter als Formen, die dies nicht sind. Besonders prägnante Formen sind demnach Kreis, Quadrat, Rechteck mit goldenem Schnitt, Ellipse mit nicht zu weit auseinanderliegenden Brennpunkten und das gleichseitige Dreieck. Abbildung 16 zeigt beispielhaft, daß es große Unterschiede in der "Gestaltfestigkeit" von Markenzeichen gibt.
- **Farben und Farbkombinationen:** "Leuchtende" Farben wie Orange, Gelb und Rot wirken oft auffälliger als eher "gedeckte" Farben. Die Wirkung kann durch Kontrastierung noch verstärkt werden. Eine Orange etwa tritt auf einem weißen Hintergrund weniger stark hervor als auf einem blauen.
- **Plazierung:** Gemäß den Lesegewohnheiten werden vor allem die Mitte und der linke obere Quadrant einer Seite besonders häufig fixiert. Allerdings sind die empirisch gefundenen Unterschiede sehr gering.[24] Die Plazierung dürfte durch die Prägnanz der Gestaltung und durch die inhaltliche Bedeutung deutlich überkompensiert werden.

Abbildung 15: Differenzierung von Figur und Grund ▶

[24] Vgl. Jacobi (1963), der verschiedene ältere Untersuchungen vergleicht und teilweise widersprüchliche Ergebnisse vorfindet, sowie Bernhardt (1978), der verschiedene Anordnungen von Anzeigenelementen ausführlich untersucht.

Abbildung 16: Prägnante und weniger prägnante Markenzeichen ▶
(aus: von Rosenstiel/Neumann 1991, S. 70f.)

druchgehender Sitzfläche hergestellt ca. 1960-1970. Angebote erbeten unter ☎ 089/168603

[illegible] aus Nachlaß zu kaufen. Billig od. geg. Abholung nur v. Priv. ZS9741911 an SZ

[illegible] Garderobe, Gasofen, groß. Kleiderschrank, evtl. m. eingeb. Bett, Kühl-Gefrierkombination gesucht. ☎6781794

Zahngold, Münzen, Schmuck, Bestecke usw. [illegible]

Kurt F. Aigner 15 J. Fachgeschäft. Ankauf v. Antiquitäten, Möbel, Bilder, Porzellan, Silber, Schmuck, g. Nachlässe. [illegible]

Schmuckgegenstände von Privat zu kaufen gesucht. Preisangeb. u. ZS9735505 an SZ

[illegible] von Antiquitäten, Gold, Silber u. Schmuck. Buttermelcherstr. 15, ☎225819

GOLD [illegible] Schillerstr. 5, Tel. 59 17 24

[illegible] (klein) gesucht.

Farb-TV, Stereo- u. Videoanl. u. and. Elektros., a. [illegible]

GOLD, SILB., SCHMUCK - REELLER BARANKAUF, THERESIENSTR. 56, [illegible]

Ledertasche Gr. 48, kurz. ☎282508

Schlagzeug gut erhalten ges. ☎3111824

Brillant ab 0,5 Ct. v. Priv. ☎8125998

Alter Bücherschrank gesucht ☎475876

Klavier v. Privat ges. ☎934764 KLH

Farbfernsehgerät gesucht. ☎768276

Su. Kachelofen, mögl. weiß, ☎153378

GOLD [illegible] Dachauer Str. 20

Leica M1-M5 gesucht. ☎781895

Klavier v. Priv. gesucht. [illegible]

Münze sucht Sammler. ☎402104

Bess. Briefmark., Stoiber, Maxburgstr. 4

Su. Bücherregale ☎776338

**Maschinen**

**TOYOTA-GABELSTAPLER neu, gebraucht und Miete, günstig anzubieten. NL München, Tel. 089/3204047**

KLIMSCH REPRO COMPACT Durchsichtvorlagenformat 40x50 cm Aufnahmeformat effektiv 60x50 cm Beheizbares Entwicklerbecken 3,50x1 m 1 Klimsch Kontaktgerät Din A1 ☎493116 und ☎474917

[illegible] m. Fernregler, eingebautes Wig/Schutzgasverfahren, 1900,-. [illegible]

GEBRAUCHT-STAPLER Jungheinrich ☎089/3152416

[illegible] F. Schefer GmbH., München ☎089/1410071

[illegible] F. Schefer GmbH., München 089/1410071

[illegible] div. Schrift. u. [illegible] zu vk. ☎08157/2182

[illegible] 12000 WE, elektr. gesteuert, verkauft: [illegible]

[illegible] ca. 1000 l, zu verk. ☎2800609

[illegible] DIN A 4, ab 300,- ☎132388

[illegible] (14 x 27 m) m. 5 To.-Kran, Statik, Pläne usw., zu verk. Zuschr. unter ZS9734932 an SZ

STAPLER-MIET-DIENST 089/3152416 JUNGHEINRICH

**Pils-Pub**

neues Pilslokal in Haidhausen kurz vor der Fertigstellung. In einzigartiger Geschäftslage, noch ohne Brauereibindung, kommt zur Verpachtung. Kapital erforderlich. Zuschr. u. AS9721938 an SZ

**GELEGENHEIT:**

[illegible] ,m. eig. Herstellung, sichere Existenz u. noch sehr steigerungs- u. erweiterungsfähig, m. solventem Kundenstamm, gesamt. Lieferantenverbind., Messestand u. -Platz, Aufträgen, inkl. der im Eigentum der Firma befindl. Geschäftsräume (in best. Lage Münchens), Produktionsmaschinen, kompl. Büroeinrichtung u. Lager. Ideal f. Mode-u. Grafikdesigner, intellig., junge Absolventen der Meisterschule f. Mode, aber auch f. Branchenfremde, die in der Modebranche Fuß fassen wollen. (Einarbeitung mögl.). Sofort übernahmebereit. VB 250 000,- DM. Zuschriften unt. ZS9720090 an SZ

**Gutgehendes Schuhgeschäft**

am Tegernsee aus privaten Gründen sofort zu verkaufen. Ang. u. ZS9721605 an SZ

**Gasthof mit Fremdenzimmern/Du.**

neuer rustikaler Bierbar und großer Parkplatz - Nähe Kureinrichtungen Anfragen ☎07264/239

[illegible]

Beste Lage [illegible] Parfümerie in sehr guter Lage Münchens, modernst eingerichtet mit namhaften Depot's, aus priv. Gründen zu verk. Von Privat an Privat. Angebote u. ZS9720188 an SZ

**Restaurant** [illegible] 1979, [illegible] ZS9719846 an SZ

**Feinkostgeschäft** mit Käse u. Wurstwaren, Mü.-Nord, kurzfr. zu verk. ☎089/3513946

**Gaststätte** mit gr. Wohnung bei PAF Pacht 600,- DM Gewerbeobjekt (Gasthaus) 3000 m² Grund für alle Branchen bei PAF günstig zu verkaufen. Laden-Büro- u. Lagerräume in PAF zu verpachten. Imm. Herterich 8068 PAF [illegible]

**4 Nigthclubs** nur 1. Lagen in einer Großstadt, Videoanlagen etc., [illegible] an Kapitalstarken Interessenten zu verkaufen. Anzahlung 1/3, Rest langfr. Finanzierung möglich. Zuschr. mit Kapitalnachweis/Referenzen (Kontrolle vorbehalten) Angebote unter ZS9725153

**TAXI-KAUF** [illegible]

Pilsstube, Restaurant DM 450 000,-; Restaurant DM 500 000,-; Restaurant DM 800 000,-; Restaurant DM 85 000,-; Restaurant DM 80 000,-; Café DM 650 000,-; Pilsstube, Restaurant DM 1 200 000,-; Hotel 110 Betten, mit allem Komfort DM 5 000 000,-

**Geschäfts-/Hotels-/Gaststätten-Angebote**

Existenz f. Liebhaber Nähe Landsberg/Lech gut eingerichteter Dorfgasthof, Wohngebäude m. landw. Nebengeb., 2200 m² Grund. [illegible] Imm. TAATZ, ☎08193/235 o. 08191/1531

**Fußpflege - Praxis** 3 Kabinen, großer Kundenstamm (Kartei), K.-Kassenzulassung, im Raum Ufr. wegen Alter abzugeben. Kauf od. Pacht. Zuschr. u. ZS9717637 an SZ

**Existenz** [illegible] in guter Lage am Stadtrand Münchens, wegen Auswanderung zu verk., [illegible]

Gutgehendes [illegible] am westl. Stadtrand Münchens in bevorzugter Geschäftslage, altershalber zu verk. od. zu verpachten. Anfragen unter ZS9723418

**Hübsche Pension in Berchtesgaden** 4 km vom Königssee, Neubau im alpenländischen Stil, Bj. 78, mit 14 Betten in wertvoller Komplettausstattung, herrliche, ruhige Lage, Ganzjahressaison. Verkaufspreis DM 950 000,-; Übernahme ab sofort möglich. [illegible]

**Kompl. Offsetdruckerei mit Reproanstalt** modernst einger. (2 GTO, Entwicklungsmaschine, Kamera, Vergrößerungsgerät usw.) zu verkaufen. 80 m² Betriebsräume, DM 7.-/m², ☎089/648612 Mo.-Fr. von 8-16.30 Uhr

**Altmühltal** Gaststätte m. Fremdenzi., 250 Sitzpl., 1972 Saal angebaut, an d. Deutschen [illegible]

**Laden** 45 m², Zentrum FFB. ☎352257 ab 13 h

Kleine Buch-u. Offsetdruckerei in Augsburg. [illegible]

Abbildung 17: Ausschnitt einer Annoncenseite aus der Süddeutschen Zeitung (aus: von Rosenstiel/Neumann 1991, S. 59)

Die Überlegungen zur formalen Gestaltung, dies soll noch einmal betont werden, sind keine festen Regeln, und müssen immer auch vor der jeweiligen Situation betrachtet werden. Ein Rechteck beispielsweise hat für sich genommen durchaus eine prägnante Gestalt. Ist aber die gesamte Seite mit Rechtecken bedruckt, geht die Prägnanz verloren. Abbildung 18 zeigt sehr eindrucksvoll, wie die Kleinanzeige des "Stapler-Miet-Dienst" die anderen Kleinanzeigen in Rechteckform zu einem Hintergrund "degradiert".

**Inhaltlich bedeutsame Darstellungen werden eher wahrgenommen**

In einer Untersuchung von Starch (1960) wurden 50 vielbeachtete und 50 wenig beachtete Anzeigen miteinander verglichen. Es stellte sich heraus, daß 29 der vielbeachteten Anzeigen einen Menschen visualisierten, während nur 10 der wenig beachteten

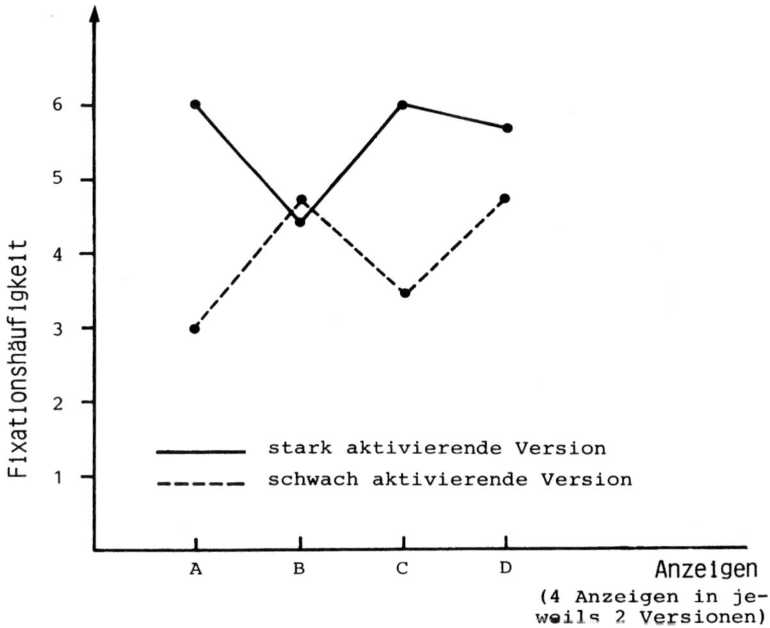


Abbildung 18: Beziehung zwischen Stärke der Aktivierung und der Häufigkeit der Fixierung
(entnommen aus: von Rosenstiel/Neumann 1991, S. 68)

Anzeigen Menschen visualisierten, 32 der wenig beachteten Anzeigen dagegen das Produkt zeigten. Für den Menschen hat vor allem der Mensch selbst eine hohe Bedeutung.
In einer anderen Untersuchung von Witt (1977), wurden verschieden stark aktivierende Bildelemente verglichen. Die Versuchspersonen wurden mit vier verschiedenen Annoncen konfrontiert, die einen Mann oder eine Frau zeigten. Von jedem Bild gab es eine schwach aktivierende Version (Person in neutraler Haltung) und eine stark aktivierende Version (erotische Haltung). Die Wahrnehmung wurde über die Häufigkeit der Fixierungen des Blickes gemessen (die Methode wird im Kapitel 4.5. genauer beschrieben). Die Bilder mit den aktivierenden Elementen wurden in den Anzeigen häufiger angeschaut als die wenig aktivierenden (Vgl. Abbildung 18).
Wenn inhaltlich bedeutende Gegenstände eher wahrgenommen werden, welche Schlußfolgerungen lassen sich daraus für die Werbung ableiten?

- **Allgemeine Bedeutung:** Es gibt Reize, die offenbar für sehr viele Menschen eine hohe Bedeutung haben und insofern verstärkte Zuwendung erfahren. Es sind dies etwa Augen und Gesichter, sexuelle Reize, Überraschungen (die "auf den ersten Blick" erkennbar sind; keine Unverständlichkeiten) und Konflikte. Ob Reize einen Menschen allgemein aktivieren, läßt sich messen. Dies wird in Kapitel 6.4. näher besprochen.
- **Zielgruppenspezifische Bedeutung:** Persönliche Interessenlagen fördern die Zuwendung zu Wahrnehmungsgegenständen, die mit diesen Interessen zusammenhängen. Ein begeisterter Tennisfan wird sich vermehrt solchen Anzeigen zuwenden, die sich mit Tennis beschäftigen. Abbildung 19 zeigt eine Anzeige, die die Aufmerksamkeit von Wander- und Alpenfreunden besonders auf sich ziehen soll. Auf Menschen mit anderen Interessen wirkt diese Anzeige nicht besonders. Wichtigste Voraussetzung, um diesen Sachverhalt für die Werbung nutzbar zu machen, ist die genaue Kenntnis der Zielgruppe, die das Produkt bedienen soll. Für diese Zielgruppe muß dann erforscht werden, ob sich die Mitglieder für gleichartige

Abbildung 19: Verbesserte Wahrnehmung durch inhaltliche Bedeutung für bestimmte Zielgruppen
(Anmerkung: Hier sind Alpen- und Wanderfreunde besonders angesprochen)

Themen interessieren. Nur Themen, die eine große Zahl der Zielgruppenmitglieder wirklich interessieren, nicht Themen, die sie "vielleicht" interessieren, sind in der Lage, eine erhöhte Wahrnehmung bei potentiellen Kunden zu erreichen.

- **Situative Bedeutung:** Aktuelle Bedürfnisse, Probleme und Konflikte fördern die Wahrnehmung von Reizen, die dafür von Bedeutung sind. Hungrige Personen nehmen bevorzugt Gegenstände wahr, die mit Nahrung zusammenhängen.[25] "Alle Jahre wieder" machen sich viele Anbieter das aktuelle Problem vieler Konsumenten zunutze: "Was soll ich nur zu Weihnachten verschenken?". Weihnachtsmänner, Tannenbäume etc. sind Reize, die in dieser spezifischen Situation eher wahrgenommen werden. Für die Werbung kann daraus abgeleitet werden, daß sie die Wahrnehmung verbessern kann, wenn sie auf die Situation bezugnimmt, in der sich die Empfänger befinden.

**Involvement**

Ein zentraler Begriff, der die Rolle der inhaltlichen Bedeutung bei der Wahrnehmung beschreibt, ist das *Involvement*.[26] Es bezeichnet das Engagement, das hinter der Informationssuche steht.

Kroeber-Riel unterscheidet das persönliche, produktbezogene und situative Involvement.[27]

- Ein hohes *persönliches Involvement* ist gegeben, wenn die Person generell darauf bedacht ist, möglichst viele Informationen beim Einkauf zu berücksichtigen. Der Anteil solcher "Informationssucher" wird in Deutschland auf etwa 10-12% der Bevölkerung geschätzt.[28]
- Das *situative Involvement* ist vor allem in Situationen vor einer aktuellen Kaufentscheidung hoch.
- Das *produktbezogene Involvement* hängt mit dem Interesse für das einzelne Produkt zusammen.

---

[25] Vgl. McCelland/Atkinson (1948), die herausfanden, daß hungrige Versuchspersonen in neutralem Reizmatierial häufiger Dinge sahen, die mit Nahrung zu tun haben, als satte.

[26] Vgl. Krugmann (1965).

[27] Vgl. hierzu und zum folgenden: Kroeber-Riel (1992), S. 258.

[28] Vgl. Thorelli/Thorelli (1977), S. 252 nach Kroeber-Riel (1991), S. 258.

| Produktbereich | Betrachtungszeit in Sekunden | Zahl der getesteten Anzeigen |
|---|---|---|
| Fluglinien | 2,0 | 9 |
| Mode, Bekleidung | 1,9 | 18 |
| Fotogeräte | 1,9 | 8 |
| Pkw | 1,8 | 15 |
| Banken, Bausparkassen | 1,7 | 9 |
| alkoholische Getränke | 1,6 | 21 |
| Zigaretten | 1,3 | 22 |

Abbildung 20: Mittlere Betrachtungsdauer von Anzeigen (Zusammengestellt von Kroeber-Riel 1993, S. 136, aus verschiedenen Untersuchungen mit unterschiedlichen Methoden)

Involvierte Personen sind eher geneigt, auch umfangreiche Werbeinformation aufzunehmen. Wenig involvierte Personen dagegen machen sich kaum die Mühe, sich länger als ein bis zwei Sekunden mit einer Anzeige zu beschäftigen (vgl. Abbildung 20). Dies führt uns zu einer wichtigen Warnung, wenn mit "eye-catchern" gearbeitet wird, nur um Aufmerksamkeit zu erzielen:
Wenn der Aufmerksamkeit erzeugende Reiz nichts mit dem Werbeziel zu tun hat oder diesem sogar zuwiderläuft, ist durch die Wahrnehmung nichts gewonnen. Es wird zwar der Reiz wahrgenommen, nicht aber die eigentliche Werbebotschaft. Abbildung 21 zeigt ein Beispiel für das Blickverhalten beim Betrachten einer Werbeanzeige: Selbst hoch involvierte Personen lesen nur Bruchstücke des Begleittextes.

Es ist aussichtslos zu versuchen, eine irrelevante Bildbotschaft durch eine textliche Erklärung zu "heilen". Abbildung 22 zeigt eine Anzeige, die durch die Ungewöhnlichkeit des

| Anteil der Fixationen (=Betrachtung) der Anzeigenelemente in % | bei niedrigem Involvement (Betrachtungsdauer durchschn. 2,4 Sek.) | bei hohem Involvement (Betrachtungsdauer durchschn. 9 Sek.) |
|---|---|---|
| Headline oben links | 21,5% | 21,3% |
| Frau | 38,3% | 24,7% |
| Windsack | 9,7% | 11,6% |
| Auto | 22,8% | 16,8% |
| Text (Copy) | 6,1% | 13,5% |
| Dicker Text unten | 0,5% | 5,7% |
| Markenname | 1,1% | 4,0% |
| Sonstige Elemente | ------ | 2,4% |

Abbildung 21: Typisches Blickverhalten beim Betrachten einer Anzeige (Daten nach Jeck-Schlottmann 1987, entnommen aus: Kroeber-Riel 1992, S. 252)

Bildmotivs einen hohen Aufmerksamkeitswert haben dürfte. Das Bild steht jedoch in einem so weit hergeholten Zusammenhang mit der eigentlichen Werbeaussage, daß nur Betrachter, die sich intensiv mit dem Text beschäftigen, die Schlüsselbotschaft verstehen. Diese Betrachter gibt es aber fast nicht.

## 4.2. Manipulation durch unterschwellige Wahrnehmung?

*Dieses Kapitel*

- untersucht, ob Reize, die nicht bewußt wahrgenommen werden, dennoch eine Wirkung entfalten können und
- welche Art von Bedürfnissen unterschwellig aktiviert werden können.

Die Tatsache, daß inhaltliche Kriterien mitverantwortlich sind für die Wahrnehmungsselektion, weist darauf hin, daß es offenbar so etwas wie eine vor-bewußte Wahrnehmung gibt. Diese sorgt dafür, daß "uninteressante" Reize aussortiert werden, bevor sie bewußt wahrgenommen werden. Nicht (bewußt) wahrgenommene Reize können also wirksam werden, wenn auch nur in der Weise, daß sie aussortiert werden. Diese Erkenntnis führt zu der Frage, ob es möglich ist, auch mit nicht bewußt wahrgenommenen Reizen Wirkungen im Sinne der Werbung zu erzielen. Eine

Abbildung 22: Beispiel einer Anzeige mit hohem Aufmerksamkeitswert aber schwer verständlicher Schlüsselbotschaft ▶

unbewußte Beeinflussung hätte aus Sicht der Werbung den großen "Vorteil", daß sie das Individuum nicht so leicht mit seiner Vernunft kontrollieren kann.

**Aktivierung von Grundbedürfnissen**

Berühmt-berüchtigt im Rahmen der unterschwelligen Werbung ist die Vicary-Studie: In einem Kino wurden angeblich über sechs Wochen die Reize "eat popcorn" und "drink Coca Cola" in einem Intervall von 5 Sekunden jeweils 1/3000 sec. in die Spielfilmvorführung eingeblendet. Eine Einblendung von dieser Dauer ist für die Betroffenen nicht bewußt, sondern höchstens "unterschwellig" wahrnehmbar. Der Umsatz an Coca Cola soll sich um ca. 18%, der von Popcorn um ca. 58% erhöht haben. Ob diese Ergebnisse richtig sind, und ob die Untersuchung überhaupt in dieser Form stattgefunden hat, muß erheblich bezweifelt werden.[29]

Eine ähnlich gelagerte Untersuchung führte Hawkins (1970) durch:[30] Er bildete vier Gruppen von Versuchspersonen (je 42 Personen), denen

1. die sinnlose Silbe "NYTP" unterschwellig
2. die sinnlose Silbe "NYTP" unterschwellig und der Durstreiz "COKE" oberschwellig
3. der Durstreiz "COKE" unterschwellig und
4. der komplexe Durstreiz "DRINK COKE" unterschwellig dargeboten wurden.

Als unterschwellig wurde eine Darbietungszeit von 2,7/1000 sec. verwendet. Bei dieser Zeit konnten die Versuchspersonen nicht zwischen einem tatsächlichen Reiz und einem Leerreiz unterscheiden. Während fünfzehn Minuten wurden die unterschwelligen Reize vierzigmal eingeblendet, die oberschwelligen Reize fünfmal. Es wurde untersucht, ob sich die Darbietung der Reize auf das bewußt erlebte Durstempfinden (allgemein, nicht spezifisch nach Coca Cola) der Versuchspersonen auswirkt.

---

[29] Vgl. Brand (1978).

[30] Vgl. zum folgenden auch von Rosenstiel/Neumann (1991), S. 68f.

Sowohl die unterschwellige als auch die oberschwellige Darbietung eines Durstreizes ("COKE" oder "DRINK COKE") zog ein höheres Durstempfinden nach sich, als die unterschwellige Darbietung von "NYTP". Dabei gab es keine signifikanten Unterschiede zwischen der unterschwelligen und der oberschwelligen Darbietung und ebenfalls nicht zwischen dem einfachen und dem komplexen unterschwelligen Reiz. Als Schlußfolgerungen für die Werbung können daraus abgeleitet werden:

- Einfache unterschwellige Reize können Grundbedürfnisse (z. B. Durst) aktivieren.
- Komplexe Aufforderungen (z. B. Coca Cola zu trinken) haben keinen spezifischen Effekt.
- Eine unterschwellige Darbietung eines vertrauten Zeichens kann eine ebenso aktivierende Wirkung haben wie eine (weniger häufige) oberschwellige Darbietung.

Eine sehr kurzfristige Darbietung, die dem Individuum nicht bewußt wird, kann offenbar ausreichen, um sehr einfache Identifikationsmuster zu aktivieren, die unspezifische Gefühle wachrufen können.[31] Spezifische Verhaltensweisen, wie ein bestimmtes Getränk zu trinken, eine bestimmte Marke zu kaufen oder eine bestimmte Partei zu wählen, können unterschwellig sehr wahrscheinlich nicht vermittelt werden.

**Was bringt Unterschwellige Werbung?**

Vor diesem Hintergrund ist es fraglich, ob die Erkenntnisse zur unterschwelligen Wahrnehmung überhaupt eine Relevanz für die Werbepraxis haben. Vielmehr sind drei Argumente zu nennen, die dafür sprechen, daß es keinen Sinn hat, unterschwellige Werbung zu betreiben:

- Unterschwellige Werbung bietet keinen Vorteil gegenüber oberschwelliger Werbung. Was macht es für einen Unterschied, ob ein Individuum auf die Idee kommen kann, sein Durst-

---

[31] Vgl. Behrens/Harmann (1977).

empfinden könnte durch die oberschwellige, von ihm wahrnehmbare Werbung für Coke stimuliert worden sein oder nicht? Auch ein Individuum, das darüber nachdenkt, welche Ursachen sein Durst haben könnte (in den wenigsten Fällen dürfte das geschehen), hat dennoch Durst. Der Durst eines unterschwellig beworbenen Menschen ist der gleiche wie der eines oberschwellig beworbenen.

- Der Schluß, unbewußt wahrgenommene Information würde durch die Vernunft nicht kontrollierbares Konsumverhalten hervorrufen, ist ein "Kurzschluß". Wenn dem einzelnen nicht bewußt ist, wodurch ein Grundbedürfnis stimuliert worden ist, heißt dies noch lange nicht, daß er das Bedürfnis nicht kontrollieren kann. Wenn wir auf "unsere Linie" achten, geben wir einem auftretenden Hungergefühl nicht willenlos nach. Für diese vernunftgeleitete Kontrolle spielt es überhaupt keine Rolle, ob das Hungergefühl unterschwellig oder oberschwellig angereizt wurde.
- Kosten und Nutzen von unterschwelliger Werbung stehen in keinem Verhältnis. Um genauso wirksam zu sein wie oberschwellige Werbung, erfordert unterschwellige Werbung mehr Wiederholungen, die sich in höheren Werbeaufwendungen niederschlagen. Vor allem aber können nur Grundbedürfnisse aktiviert werden. Falls die Aktivierung von Grundbedürfnissen überhaupt irgendwelche Konsumhandlungen nach sich zieht, wird sich dieser Konsum nicht auf ein spezifisches Produkt richten. Unterschwellige Reize werben also nicht nur für das eigene Produkt, sondern immer auch für die Konkurrenzprodukte.

Unterschwellige Werbung aktiv zu betreiben, erscheint also nicht sinnvoll und wäre zudem auch ethisch besonders fragwürdig, da hier doch ganz deutlich versucht wird, Individuen zu manipulieren.

### Flüchtige Wahrnehmung oberschwellig dargebotener Werbeinformation

Die Erkenntnisse zur unterschwelligen Wahrnehmung können jedoch für die "offene" Werbung von Bedeutung sein: Wenn wir

uns daran erinnern, daß ein Großteil der Werbeinformation nicht bewußt beachtet wird, oder nur sehr flüchtig wahrgenommen wird, können wir unterstellen, daß Werbebotschaften von einigen Empfängern quasi-unterschwellig wahrgenommen werden. Für diese Fälle ist es durchaus sinnvoll, danach zu fragen, ob auch bei einer flüchtigen Wahrnehmung eine Werbewirkung erzielt werden kann.
Eine Werbemaßnahme könnte so gestaltet werden, daß sie "auf den ersten Blick" ein allgemein bekanntes Erkennungszeichen darbietet, das geeignet ist, als Auslösereiz für ein produktbezogenes Grundbedürfnis zu dienen. Diese Werbung könnte dann auch bei solchen Empfängern wirken, die die Anzeige, den Spot o. ä. nur flüchtig wahrnehmen. (Diese stellen in der Regel die Mehrheit gegenüber den "genauen" Betrachtern dar.) Allerdings ist zu bedenken, daß hier nur Grundbedürfnisse aktiviert werden. Eine Werbung, die sich unspezifisch auf den Konsum einer gesamten Produktgattung auswirkt, ist vor allem für den jeweiligen Marktführer vorteilhaft, da dieser aufgrund seines höchsten Marktanteils auch am stärksten von einem Wachstum des Gesamtmarktes profitiert.

## 4.3. Anmutungen im Wahrnehmungsprozeß

*Dieses Kapitel*
- stellt Wahrnehmung als einen schon im Vorhinein wertenden Vorgang dar und
- diskutiert die Bedeutung dieser Erkenntnis für die Werbepsychologie.

Daß wir die Welt nicht so wahrnehmen wie sie ist, sondern unsere "innere Welt" aus Wissen, aber auch aus Gefühlen die Wahrnehmung der äußeren Welt bestimmt, zeigt ein Beispiel, das Spiegel referiert:[32]

[32] Vgl. zum folgenden Spiegel (1970, S. 61).

Ein Inserat, das für Genußmittel warb, zeigte sympathisch dargestellte Schwarze bei der Ernte des Rohstoffes im Ursprungsland. Bei offener Darbietung wurden von den Versuchspersonen auch auf Nachfragen keine negativen Momente in der Anzeige angegeben. Wurde die Wahrnehmung jedoch durch extrem kurze Expositionszeiten so erschwert, daß nur Gestalten wahrgenommen wurden, die als solche noch nicht als Schwarze erkannt wurden, änderte sich das Bild: Die Gestalten wurden als unsympathisch, gefährlich, widerlich usw. bezeichnet. Diese Aussagen traten nicht mehr auf, nachdem die Schwarzen durch Hellhäutige ersetzt worden waren.

## Aktualgenese

Dieses Phänomen läßt sich erklären, wenn wir von der Auffassung abrücken, daß wir Menschen zuerst einen Gegenstand wahrnehmen und danach diesen Gegenstand gefühlsmäßig bewerten. Eher das Gegenteil dürfte der Fall sein: Wahrnehmung findet nicht "auf einen Schlag" statt, sondern ein wahrgenommenes Bild baut sich in einem Prozeß über eine gewisse, in der Regel sehr kurze Zeit auf. Dieser Prozeß des Bildens von Strukturen heißt "Aktualgenese". Wichtig in diesem Zusammenhang ist, daß dieser Prozeß emotional begleitet ist. Vor allen am Beginn, wenn nur diffuse Vorgestalten existieren, dominiert die emotionale Tönung. Die widersprüchliche Beurteilung im Beispiel läßt sich dann so interpretieren: Die negative Anmutung in der frühen Wahrnehmungsphase wurde durch die positive emotionale Tönung den späteren Wahrnehmungsphasen überdeckt.

## Kritik der Annahme einer emotional getönten Aktualgenese

Ob diese Theorie der emotional begleiteten Aktualgenese richtig ist, kann allerdings auch bezweifelt werden. Bewußt wird nämlich nur die Endstruktur, nicht die Strukturbildung. Die Phasen der Strukturbildung werden aus den Ergebnissen der Experimente mit "gelockerter Reizbindung" (etwa durch kurze Expositionszeiten) erschlossen. Es ist aber fraglich, ob die Phasen so ablaufen, wie sie in der Laborsituation, künstlich durch Abbruch der Betrachtungsmöglichkeit hergestellt werden. Denn auch wenn die Möglichkeit zur Betrachtung des Gegenstandes nach wenigen Millisekunden abgebrochen werden kann, so läuft doch die geistige Verarbeitung ohne Betrachtung unweigerlich weiter. Es werden also nicht wirklich die Emotionen zum Zeitpunkt des Abbruchs der Betrachtung gemessen, sondern Emotionen, die sich nach einer Weiterverarbeitung ergeben haben.

**Bedeutung für die Werbung**

Wenn man trotz der Kritik davon ausgeht, daß Wahrnehmung mit Emotionen beginnt, diese frühen Emotionen aber durch spätere Beurteilungen überdeckt werden, sind diese frühen Anmutungen überhaupt relevant für die Werbepsychologie? Spiegel nennt fünf Gründe dafür, die Bedeutung der Anmutung bei der Wahrnehmung sehr wohl zu beachten:[33]

- Unsere Alltagshandlungen sind weitgehend unreflektiert.
- Selbst bei Handlungen, die von rationalen Überlegungen mitbestimmt sind, ist das emotionale Fundament bedeutsam.
- Die ersten spontanen Anmutungen bestimmen, ob dem Werbemittel weitere Beachtung geschenkt wird.
- Werbemittel werden meist nur flüchtig beachtet, so daß es nur selten zu einer bewußten Zuwendung kommt.
- Auch bei bewußter Zuwendung des Betrachters zum Werbemittel soll gewährleistet sein, daß erste Anmutungen und späterer Eindruck eine Harmonie bilden.

Welche Anmutungen von einem Werbemittel ausgehen, läßt sich nur experimentell herausfinden. Solche Experimente, die in Kapitel 4.5. näher beschrieben werden, lohnen sich vor allem, wenn alternative Entwürfe von Anzeigen, Plakaten, Markenzeichen, Etiketten oder Verpackungen zu bewerten sind.

[33] Vgl. Spiegel (1970), referiert bei von Rosenstiel/Ewald (1979), S. 109.

## 4.4. Irradiation

*Dieses Kapitel*
- zeigt die Bedeutung von Umfeldinformationen für die Wahrnehmung und
- hebt Werbung als wichtige Umfeldinformation für die Produktwahrnehmung hervor.

Die bisherigen Überlegungen haben gezeigt, daß Wahrnehmung nicht nur durch die objektiven Reizgegebenheiten, sondern auch durch Vorwissen, Interessen und Anmutungen bestimmt wird. Eine weitere, sehr wichtige Bestimmungsgröße für die Wahrnehmung muß nun noch hinzugefügt werden: Umfeldinformationen.

### Beeinflussung der Wahrnehmung durch Umfeldinformation

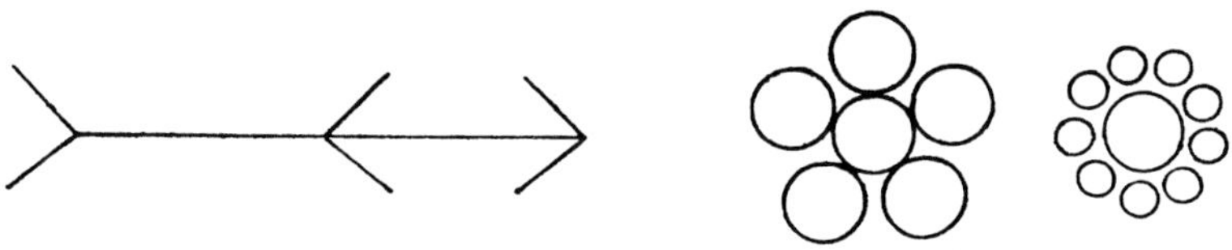

Abbildung 23: Ebbinghaussche Kreistäuschung und Müller-Lyersche Täuschung

Gegenstände wirken auch relativ zu ihrem Umfeld. Die beiden mittleren Kreise in Abbildung  sind objektiv gleich groß, der rechte aber wirkt größer, weil er von relativ kleineren Kreisen umgeben ist. Ebenso sind die beiden Linienabschnitte gleich lang, die linke aber erscheint länger. Diese Beispiele sollen verdeutlichen, daß sich die Wahrnehmung ändern kann, wenn sich das Reizumfeld ändert. Die veränderte Wahrnehmung eines objektiv gleichen Reizes durch ein verändertes Reizumfeld wird als "Irradiation" bezeichnet.[34] Das Reizumfeld muß sich dabei nicht auf den gleichen Sinnesbereich beziehen.

[34] Vgl. Spiegel (1970).

Wir neigen beispielsweise dazu, die Differenzierungskraft unserer Zunge entschieden zu überschätzen. Tatsächlich können wir nur vier Geschmacksarten feststellen: süß, sauer, salzig, bitter. Alles, was wir schmecken, ist Mischung dieser vier Faktoren. Daß wir üblicherweise sehr viel feiner zwischen den Dingen, die uns in den Mund gelangen, unterscheiden können, ist kein Verdienst der Zunge, sondern liegt an Hilfeleistungen der anderen Sinnesorgane, vor allem von Auge und Nase. Das optische Bild der Speisen und ihr Geruch gehen mit in das ein, was wir als Geschmack erleben. Man hat Versuche gemacht, bei denen man den Versuchspersonen die Augen verband und die Nase zuklemmte: sie konnten den Geschmack eines geschälten rohen Apfels von dem einer geschälten rohen Kartoffel nicht unterscheiden. Freilich funktioniert der Versuch nicht mit allen Äpfeln; besonders süße oder saure werden erkannt.

**Beeinflussung der Produktwahrnehmung durch werbliche Umfeldinformation**

Für die Werbepsychologie sind Irradiationsphänomene von zweifacher Bedeutung:

1. Bei der Gestaltung von Werbemitteln können Umfeldreize gezielt so eingesetzt werden, daß in der Werbung dargestellte Gegenstände oder Personen in ihrer Wirkung verändert werden. (Vgl. dazu auch die Überlegungen in Kapitel 4.1., etwa zu Figur und Grund.)
2. Werbeinformation ist selbst Umfeldinformation für die Produktwahrnehmung. Sie kann daher so gestaltet werden, daß sie als Umfeldinformation die eigentliche Produktwahrnehmung positiv beeinflußt. Besonders diesem Anwendungsbereich wollen wir uns nun zuwenden.

Der Produktmanager einer Tafelschokolade erzählte in der Pause einer Weiterbildungsveranstaltung, daß die Vollmilchtafel, für die er u. a. verantwortlich war, in Blindversuchen (also dann, wenn die Versuchspersonen nicht wissen, welche Schokoladenmarke sie gerade testen) von der Mehrheit der Versuchspersonen als

besser schmeckend wahrgenommen wurde als die Tafel des Marktführers. Wenn die Versuchspersonen aber wußten, welche Schokoladenmarke sie aßen, wurde regelmäßig der Marktführer auch Testsieger. Unter anderem diese Testergebnisse konnten dazu beitragen, den Eigentümer der Firma, der der Meinung war, es sei besser "jede Mark in die Schokolade zu stecken", weil eine qualitativ gute Schokolade sich von selbst verkaufen würde, umzustimmen und doch zumindest übergangsweise ein paar Mark in die Werbung zu stecken.
Die Beeinflussung der Produktwahrnehmung durch Werbung dürfte um so eher gelingen, wenn die zu beeinflussenden Produkteigenschaften diffus sind, wenig ausgegliedert von anderen Eigenschaften sind,[35] Sinnesbereichen zugehören, die beim Menschen vergleichsweise schlecht ausgebildet sind und/oder gar nicht direkt wahrnehmbar, sondern "verborgen" sind. Produkteigenschaften, die besonders der Irradiation unterliegen, sind demnach neben der oben schon angesprochenen Geschmackswahrnehmung z. B.:

- Qualitätswahrnehmungen (etwa Stoffqualitäten)
- Komfortwahrnehmungen (etwa Federungskomfort im Auto)
- Hygienewahrnehmungen (etwa Reinheit der Wäsche)
- Wahrnehmung verborgener technischer Eigenschaften (etwa Langlebigkeit)
- Emotionale Attribute (etwa Sportlichkeit, Seriosität)

**Irradiation durch emotionale Umfeldinformation**

Die nächste Frage ist nun, in welcher Art die Werbung zu gestalten ist, damit bei den Konsumenten eine Irradiation im gewünschten Sinne hervorgerufen wird. Tendenziell dürfte eine Beeinflussung der Produktwahrnehmung eher gelingen, wenn die in der Werbung dargestellte beeinflussende Eigenschaft in einer erlebnismäßigen Nähe zur beeinflußten Produkteigenschaft steht. Kroeber-Riel empfiehlt, die Produktwahrnehmung beson-

[35] Vgl. Spiegel (1970), S. 134.

ders über emotionale Werbeinformation zu beeinflussen.[36] Er zitiert als Beleg dafür unter anderem eine Untersuchung von Smith/Engel (1968): Zwei Gruppen von Versuchspersonen (insgesamt 120 Personen) wurde eine Anzeige für einen Mittelklassewagen in zwei Versionen vorgelegt. Der ersten Gruppe wurde eine sachliche Abbildung eines Autos vorgelegt. Der zweiten Gruppe wurde dieselbe Abbildung vorgelegt, in die aber ein erotisches Mädchen in den Vordergrund montiert wurde. Die Versuchspersonen sollten bestimmte Eigenschaften des Autos beurteilen.[37] Die Gruppe, die die Abbildung mit dem erotischen Mädchen erhalten hatte,

- hatte emotionaleren Eindruck vom Auto (ansprechender, aufregender, jugendlicher),
- beurteilte objektive Eigenschaften anders (teurer, aber auch weniger sicher) und
- meinte zu über 90%, die Qualitätswahrnehmung sei völlig unabhängig von der Betrachtung des Mädchenbildes gewesen.

Vor diesem Hintergrund wird von verschiedenen Seiten empfohlen, in der Werbung emotionale "Erlebnisse" zu vermitteln, die ein positives Wahrnehmungsklima für die Produktwahrnehmung schaffen.[38] Durch die Erlebnisse in der Werbung soll auch der Produktgebrauch zu einem besonderen Erlebnis für den Konsumenten werden. Für die Wirksamkeit emotionaler Reize in der Werbung sprechen auch andere Aspekte des Wahrnehmungsverhaltens. Emotional bedeutende Werbeinformation wird eher beachtet und Emotionen wirken schon in frühen Wahrnehmungsphasen, also auch bei einer nur sehr flüchtigen Betrachtung[39].

---

[36] Vgl. Kroeber-Riel (1992), S. 289ff.

[37] Die Beurteilung wurde mit Hilfe eines Polaritätenprofils gemessen, das wir in Kapitel 7.4. genauer erklären werden.

[38] Vgl. Kroeber Riel (1993) und Weinberg (1992), die beide viele Beispiele für "erlebnisreiche" Werbemaßnahmen liefern.

[39] Bei flüchtiger Wahrnehmung ist allerdings fraglich, ob auch eine Verbindung der Emotionen mit dem Produkt gelingt.

**Irradiation durch Sachinformation**

Es ist aber auch möglich, die Produktwahrnehmung durch sachliche Werbeinformation zu beeinflussen. Man denke etwa an verschiedene Versionen von Waschmittelwerbung, in denen sehr sachlich und scheinrational, dabei aber nicht weniger anschaulich dargestellt wird, daß das jeweilige Waschmittel eine bestimmte Eigenschaft hat. Beispielsweise warben bestimmte Anbieter von "Colorwaschmitteln" damit, daß diese das Ausbleichen der Farben verhinderten. Tatsächlich aber enthalten diese Produkte einen Wirkstoff, der lediglich verhindert, daß sich die verschiedenen Farben der Wäschestücke vermischen. Dennoch dürften die meisten Kunden die Eigenschaft "verhindert Ausbleichen" tatsächlich wahrnehmen, da durch das Verhindern der Farbvermischung die Farben allgemein besser erhalten bleiben und in den meisten Fällen das Ausbleichen nicht schon nach wenigen Waschvorgängen eintritt.

## 4.5. Verfahren zur Messung von Wahrnehmung

*Dieses Kapitel*

- weist angesichts der Gestalthaftigkeit darauf hin, die Wahrnehmbarkeit von Werbemitteln empirisch zu testen,
- stellt die wichtigsten Verfahren zur Messung von Wahrnehmungsprozessen vor und
- gibt Hinweise darauf, wann welche Verfahren anzuwenden sind.

Ob ein Gegenstand prägnant ist, läßt sich anhand von Regeln nicht hinreichend beschreiben. Ob eine Anzeige für die Empfänger inhaltlich bedeutsam ist, läßt sich aus Sicht der Absender nur unzureichend abschätzen. Ob ein Reiz unterschwellig wirkt, kann bewußt nicht wahrgenommen werden. Ob von einem Bild negative Anmutungen in frühen Wahrnehmungsphasen ausgehen, wird durch spätere Wahrnehmungsphasen überdeckt. Daß Umfeldinformationen in einer Werbemaßnahme bei unbedarften Betrachtern zu Mißverständnissen führen, fällt dem mit seinem

"Werk" vertrauten Werber selten selbst auf.
Für alle in diesem Kapitel zur Wahrnehmung angesprochenen Themen gilt: Es gibt keine allgemeingültigen Rezepte, die mit hinreichender Sicherheit dafür sorgen können, daß die Gefahren einer Fehlwahrnehmung umgangen und die Chancen genutzt werden. Da es aber keine allgemeinen Rezepte gibt, führt kein Weg daran vorbei, die einzelne Werbemaßnahme empirisch zu untersuchen.
Viele Werbeexperten (nicht nur selbsternannte, auch tatsächliche) vertrauen gerne auf ihre Erfahrung und beurteilen ihre Entwürfe selbst bzw. lassen sie innerhalb ihres eigenen Teams beurteilen. Vor solchen Expertenurteilen ist jedoch zu warnen. Erinnern wir uns: Wahrnehmung geschieht nicht wie die Aufzeichnung von äußeren Reizen durch Videokameras oder Tonbandgeräte. Nicht die objektiven Reize bestimmen in erster Linie die Wahrnehmung, sondern unser subjektives Vorwissen und unsere subjektiven Bedürfnisse. Wenn wir aber eine Werbemaßnahme schon kennen oder womöglich sogar an ihrer Entstehung mitgewirkt haben, gehen wir mit einem ganz anderen Vorwissen an sie heran als ein flüchtiger Betrachter. Unsere Wahrnehmung ist garantiert anders. Es ist daher zu empfehlen, die Wahrnehmung von Werbemaßnahmen mit unvorbereiteten Versuchspersonen zu testen. Die Versuchspersonen sollten dabei so ausgewählt werden, daß sie einigermaßen repräsentativ für die Gruppe der tatsächlichen Käufer des Produktes oder für eine neu angepeilte Zielgruppe sind. Es gibt folgende Verfahren:[40]

### Blickregistrierung

Die Wahrnehmungsselektion kann am besten durch Blickregistrierungsverfahren erforscht werden. Dazu muß man wissen, daß die Augen (fast) nur Information aufnehmen können, wenn sie stillstehen. Blickverläufe werden daher unterschieden in Phasen, während derer die Augen feststehen ("Fixationen"), und Phasen, während derer sich die Augen bewegen und der Blick zu

[40] Vgl. zum folgenden von Rosenstiel/Neumann (1991), S. 64ff, 75ff, 86ff. und die dort angegebene Literatur.

einem nächsten Fixationspunkt springt ("Saccaden"). Die Schwierigkeit besteht nun darin, die Stellung der Augen in Bezug auf die Vorlage so zu beobachten, daß die Fixationen der Versuchsperson auf der Vorlage ermittelt werden können.

Dies sollte nach Möglichkeit so geschehen, daß sich die Versuchsperson unbeobachtet fühlt. Eine Situation unter erlebter Beobachtung ist zu wenig praxisnah, da die Beobachtung eine sonst nicht übliche bewußte Kontrolle der Wahrnehmung durch die Versuchsperson provoziert. Eine Versuchsperson, die sich beobachtet fühlt, versucht beispielsweise häufig eine Fixierung von Motiven mit sexuellem Inhalt bewußt zu vermeiden.

Darüber hinaus muß die Vorlage in einem Kontext präsentiert werden, der ihrem Umfeld in der Praxis ähnlich ist. Eine neue Anzeige, deren Aufmerksamkeitswert untersucht werden soll, kann beispielsweise unauffällig in eine Illustrierte eingeklebt werden. Die Versuchsperson kann dann in einen "Warteraum" geführt werden, in dem die Illustrierte ausliegt. Während der Versuchsperson gesagt wird, daß sie hier auf einen späteren Versuch warten soll, kann ohne ihr Wissen das Leseverhalten während der "Wartezeit" beobachtet werden.

Als Methoden zur Blickregistrierung können angewendet werden:

- Beobachtung (und Videoaufzeichnung) der Versuchsperson von hinten. Dies kann etwa durch einen Einwegspiegel unbemerkt geschehen, die Blickaufzeichnung ist aber ausgesprochen ungenau, da nur die Stellung des Kopfes sichtbar ist.
- Die Verwendung eines verspiegelten Tisches, auf dem die Vorlage liegt, ermöglicht eine Registrierung auch der ungefähren Augenstellung bei einer Beobachtung von hinten.
- Exakt lassen sich die Blickverläufe mit einem Eye-Mark-Recorder aufzeichnen. Dieses Gerät allerdings wird auf jeden Fall von der Versuchsperson bemerkt, da sie hierfür eine spezielle Brille aufsetzen muß.

### Verfahren der gelockerten Reizbindung

Bei den Verfahren der gelockerten Reizbindung wird den Versuchspersonen die Wahrnehmung erschwert. Dies kann mit auf-

Abbildung 24: Beispiel für den Blickverlauf beim Betrachten einer Anzeige (entnommen aus: Kroeber-Riel 1992, S. 243.)

wendigen, aber auch mit sehr einfachen Mitteln geschehen. Möglichkeiten sind etwa:

- Sehr kurze Darbietungszeit (ein Gerät dafür ist das "Tachistoskop", in dem der zu prüfende Gegenstand mit einem Blitz von einstellbarer Länge beleuchtet wird)
- Verdunkelte Darbietung (ein Gerät dafür ist das "Nyktoskop", in dem ein Gegenstand verdunkelt präsentiert wird)
- Verkleinerte oder entfernte Darbietung
- Seitliche oder verzerrte Darbietung
- Unscharfe Darbietung
- Darbietung einer um wichtige Elemente verringerten Vorlage

Diese Verfahren eignen sich vor allem dazu, eine Situation zu simulieren, in der frühe Phasen des Wahrnehmungsprozesses analysiert werden können. Dadurch lassen sich Anmutungen untersuchen, aber auch - vor allem mit dem Tachistoskop - unterschwellige Reize geben. Die Verfahren der gelockerten Reizbindung geben auch Hinweise auf die Wahrnehmungsselektion. Wird eine Vorlage unter erschwerten Bedingungen noch erkannt, dürfte sie unter normalen Bedingungen besonders leicht wahrzunehmen sein.

**Verfahren zur Prüfung der Gestaltfestigkeit**

Bei Verfahren zur Prüfung der Gestaltfestigkeit wird die Vorlage vor den Augen oder Ohren der Versuchsperson so lange verändert, bis sie nicht mehr richtig wahrgenommen wird. Eine Vorlage, die auch dann noch richtig wahrgenommen wird, wenn sie stark verändert wurde, kann als "gestaltfest" und damit auch als prägnant und leicht wahrnehmbar gelten. Sie dürfte zudem Irradiationseffekten weniger unterliegen. Einzelne Verfahren sind etwa:

- Zöllner-Verfahren: Der Gegenstand (oder eine Abbildung davon) wird an einem schmalen Spalt mit unterschiedlich hoher Geschwindigkeit immer wieder vorbeigeführt. Die Versuchsperson nimmt den Gegenstand dadurch verzerrt wahr. Gegenstände, die auch bei hoher Geschwindigkeit noch richtig erkannt werden, sind tendenziell gestaltfester.
- Torsionsstereoskop: In einem Stereoskop werden den zwei menschlichen Augen zwei eigene Bilder vorgeführt. In diesem Falle zwei identische Dia, von denen eines langsam um die Sehachse gedreht wird, bis das zunächst einheitliche Bild zerfällt. Gestaltfeste Vorlagen zerfallen später.
- Stereoskopisches Tachistoskop: Den zwei Augen werden gleichzeitig zwei konkurrierende Entwürfe kurzzeitig vorgeführt. Der Entwurf, der sich in der Wahrnehmung der Versuchsperson durchsetzt, dürfte prägnanter sein.
- Nachbildverfahren: Ohne großen Aufwand an Apparaten kann hier die Gestaltfestigkeit geprüft werden. Wenn wir z. B. eine gewisse Zeit die Sonne fixieren und dann die Augen schließen, erscheint vor unserem geistigen Auge eine Art Negativ der Sonne, das "Nachbild". Man kann sich dies zunutze machen und

die Versuchspersonen bitten, eine bestimmte Zeit (meist ca. 30 Sekunden) die Vorlage zu fixieren und dann die Augen zu schließen. Dann soll die Versuchsperson angeben, ob und wie sich das Nachbild verändert und wann es sich abbaut. Lang anhaltende, sich wenig verändernde Nachbilder deuten auf eine gestaltfeste Vorlage hin.

- Methoden der akustischen Sättigung: Die akustische Gestalt von Worten oder Slogans läßt sich prüfen, indem einer Versuchsperson der Text auf einem Endlosband immer und immer wieder vorgesprochen wird. Nach einer gewissen Zeit tritt eine akustische Sättigung ein, so daß der Versuchsperson die Worte immer "komischer" vorkommen, bis sie schließlich ganz zerfallen. Das Verfahren läßt sich apparativ noch vereinfachen, indem sich die Versuchsperson den Test selbst vorspricht. Gestaltfeste Texte zerfallen später.

# 5. Lernprozesse

Mit der Verbesserung der Wahrnehmbarkeit von Werbung haben wir einen Schritt in Richtung auf eine höhere Werbewirkung unternommen. Der zweite Schritt muß nun darin bestehen, dafür zu sorgen, daß die in der Werbung vermittelten Inhalte auch gelernt und behalten werden. Die Wahrnehmung von Werbung und die eigentlich relevante Handlung des Beworbenen (meist Kauf) liegen zeitlich in der Regel auseinander. Es ist also wichtig, daß die Inhalte der Werbung vom Konsumenten gespeichert werden. Nur wenn sich der Konsument in der Kaufsituation an die sachlichen und/oder emotionalen Argumente der Werbung erinnert, kann Werbung auch wirksam werden.

Was eigentlich ist überhaupt Lernen? Zunächst denkt man bei Lernen wohl vor allem an seine Schulzeit und die Mühe die uns mancher Lernstoff bereitet hat. Aber Lernen ist wohl mehr als das Speichern von Wissen. Auch "im Leben" lernen wir permanent dazu. Durch die Erfahrungen, die wir machen, verändert sich unser Wissen von der Welt, unsere Einstellungen und Gefühle und sicherlich auch unsere Verhaltensweisen.

Allgemein wollen wir als Lernen die Veränderung von Erleben und Verhalten durch Erfahrung bezeichnen. In dieser kleinen Definition stecken drei Elemente, die besonders hervorgehoben werden sollen:

- Veränderung: Lernen bewirkt eine Veränderung.
- Erleben und Verhalten: Nicht nur Wissensspeicherung ist Lernen, sondern auch die Veränderung von Gefühlen und Verhaltensweisen.
- Erfahrung: Lernen hat etwas mit Erfahrung zu tun. Veränderungen, die etwa durch das natürliche Altern, durch Drogenkonsum oder durch Krankheiten hervorgerufen werden, sind wohl nicht dem Lernen zuzuordnen.

Dem Lernen entgegen steht das Vergessen. Ebbinghaus, auf den wir später noch einmal zu sprechen kommen werden, hat Ende des letzten Jahrhunderts in einem Selbstversuch getestet, wie gut er eine Reihe von 13 sinnlosen Silben (z. B. ROB, RAK...) behalten konnte.[41] Die Gedächtnisleistung hat er gemessen, indem er gemessen hat, wie oft er beim ersten Lernen die Reihe wiederholen mußte, um alle 13 Silben fehlerfrei zu beherrschen. Wenn er dann z. B. am nächsten Tag das Gelernte rekapitulierte, hatte er einen Teil der Silben behalten. Er maß nun die Anzahl der Wiederholungen, die er benötigte, um wieder alle Silben zu beherrschen. Natürlich konnte er am zweiten Tag schneller alle Silben beherrschen. Die Differenz der Wiederholungen beim Wieder-Lernen zum ersten Lernen ist die Lernersparnis. Die Lernersparnis entspricht dem Anteil des behaltenen Lernstoffes.

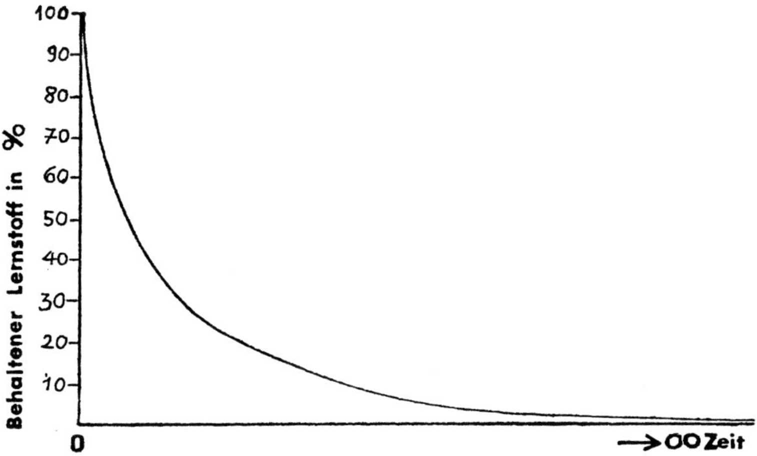


Abbildung 25:Vergessenskurve nach Ebbinghaus (schematisiert)

Die Ergebnisse dieses Versuchs sind ernüchternd. Schon nach 20 Minuten hatte er nur eine Lernersparnis von 58%, das entspricht

[41] Vgl. Ebbinghaus (1885).

einem Vergessen von 42% des Lernstoffes. Nach einer Stunde war schon über die Hälfte "weg", nach einem Tag erinnerte er sich nur mehr an ein knappes Drittel. Von da an allerdings nahm die Gedächtnisleistung kaum noch ab, ca. 20% des Lernstoffes hat er dauerhaft behalten. Die Ergebnisse sind schematisch in Abbildung 25 dargestellt.

Wenn wir uns hier mit Lernen beschäftigen, müssen wir auch das Vergessen (bzw. das Behalten) berücksichtigen, denn offensichtlich verlernen wir das meiste von dem, was wir gelernt haben, schon bald wieder. In den folgenden Unterkapiteln werden wir uns damit beschäftigen,

- wie Sachinformation gelernt wird,
- wie Gefühle an Produkte gekoppelt werden,
- wie Verhaltensweisen wie Kaufverhalten verstärkt werden und
- wie man das Lernen von Werbeinhalten messen kann.

## 5.1. Wissensspeicherung

*Dieses Kapitel*
- sammelt Ergebnisse aus kognitiven Lerntheorien,
- gibt auf dieser Basis Hinweise für die Werbegestaltung und
- plädiert besonders für die bildhafte Vermittlung von produktbezogenen Werbeinhalten.

Es gibt über den Prozeß des Lernens und Vergessens verschiedene Theorien, die sich unterschiedlich gut eignen, um bestimmte Lernphänomene zu erklären. Auf einige dieser Lerntheorien werden wir im folgenden zurückgreifen, um Fragestellungen der werbepsychologischen Praxis zu erhellen. Wenn einzelne Theorien nur in einem bestimmten Kontext angesprochen werden, in den sie besonders gut "passen", soll dies jedoch nicht heißen, daß sie nicht auch zu anderen werbepsychologischen Lernproblemen Aussagen machen können.

**Lernt der Konsument mehr, wenn er mehr Information über das Produkt erhält?**

Wenn wir von unserem Produkt überzeugt sind und wissen, daß es viele Vorteile hat, haben wir natürlich die Tendenz, unsere Adressaten über alle diese Vorteile zu informieren. Schließlich gilt die Regel: Je mehr Information ein Empfänger über das Produkt erhält, desto mehr kann er darüber lernen. Diese Regel ist eine "Kann"-Regel, denn der Konsument kann nicht mehr wissen, als er an Information erhält. Sie ist aber keine "Muß"-Regel, denn der Konsument lernt nicht notwendigerweise mehr, nur weil er mehr Information erhält. Wir müssen also herausfinden: Lernt der Konsument tatsächlich mehr, wenn ihm in der Werbung mehr Informationen mitgeteilt werden?

Ebbinghaus hat neben dem Vergessen auch den Prozeß des Lernens untersucht. Dabei fand er heraus, daß eine Versuchsperson ungefähr eine Reihe von bis zu sechs bis sieben Silben bei einmaliger Darbietung fehlerfrei behalten kann. Bietet man der Person dagegen eine doppelt so lange Reihe, etwa aus zwölf Silben bestehend, so behält sie nach einmaliger Darbietung nicht etwa sechs oder sieben Silben, sondern nur zwei oder drei, meist die ersten und die letzten.

Das menschliche Gehirn kann nur eine begrenzte Menge an Information auf einmal aufnehmen. Übersteigt die Informationsmenge diese Grenze, tritt eine Überlastung ("information overload") auf. Interessanterweise bewirkt die Informationsüberlastung, daß erheblich weniger Information verarbeitet wird, als es ohne Überlastung möglich wäre.

Für die Werbung ergeben sich aus dieser Erkenntnis zwei Schlußfolgerungen:

- Eine einzelne Werbemaßnahme sollte sich auf die Übermittlung weniger Schlüsselinformationen beschränken. Überschüssige Information, sofern sie überhaupt beachtet wird, wird erst nach mehreren Wiederholungen gelernt. Vor allem gefährden Zusatzinformationen, wie die Aufzählung langer Listen von Vorteilen, durch ihren Überlastungseffekt das Verständnis der Schlüsselbotschaft ganz erheblich.

- Wenn man dennoch längere Listen oder Texte verwendet, etwa um durch viel Text dem Konsumenten das Gefühl zu geben, er werde umfangreich und sachlich informiert, sollten die wichtigsten Informationen am Anfang und am Ende gegeben werden.
- Es sollten nur wenige Werbespots in Radio oder Fernsehen direkt hintereinander gesendet werden. Es ist zumindest lerntechnisch besser, das Programm durch viele kleine Werbepausen zu unterbrechen als durch wenige lange.

Es wäre schön, wenn man generell angeben könnte, wie viele Informationseinheiten gleichzeitig dargeboten werden können, bevor ein information overload eintritt. Wenn man sich an den Ergebnissen von Ebbinghaus orientiert, kann man als Faustregel sagen: Präsentiere nicht mehr als 5 +/- 2 Informationseinheiten. Die nicht nur in der Politik beliebten "10-Punkte-Programme" kann man sich jedenfalls in der Regel nicht auf einmal merken.
Doch was genau ist eine Informationseinheit? Eine zusammenhängende Geschichte, ein Satz, ein Wort, eine Silbe, ein Buchstabe, ein i-Punkt? Letztlich kann wieder nur eine empirische Untersuchung der einzelnen Werbemaßnahme gültig zeigen, ob und wann die Aufnahmegrenze überschritten wird. Tendenziell werden die folgenden Überlegungen zeigen, daß mehr Information aufgenommen werden kann, wenn der Empfänger schon ein gewisses Vorwissen hat und die Information in einer gut zu lernenden Weise strukturiert ist.

**Umfang der Information und Lernaufwand**

Wegen des information overload erfordert das Lernen einer Reihe von 12 Silben nicht den doppelten Aufwand gegenüber sechs Silben, sondern erheblich mehr. Während eine Versuchsperson sechs Silben nach einer Darbietung lernt, benötigt sie für 12 Silben nicht zwei, sondern sage und schreibe 17 Darbietungen (ungefährer Richtwert). Für 15 Silben bedarf es bereits 30 Darbietungen. Der Zusammenhang zwischen Lernaufwand und der Menge des Lernstoffes ist in Abbildung 26 dargestellt. Es ist sichtbar, daß mit der Vergrößerung des Lernstoffes der Lernaufwand überproportional erhöht werden muß, um einen Lernerfolg sicherzustellen.

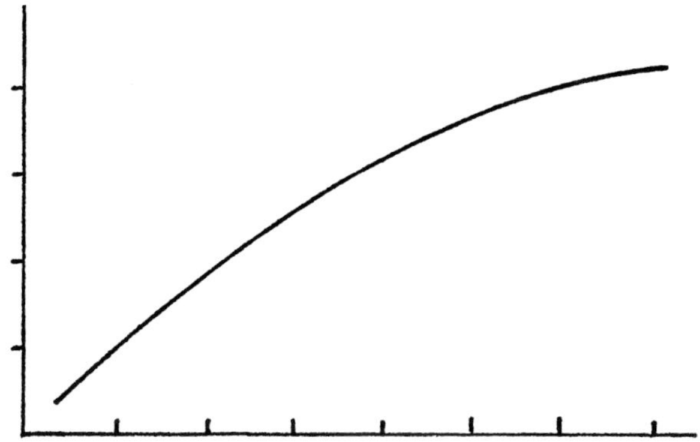


Abbildung 26: Beziehung zwischen der Menge des Lernstoffes und der Anzahl der Darbietungen, bis der Lernstoff zum ersten Mal beherrscht wird (schematisiert nach Ebbinghaus)

Für die Werbung bedeutet dies, daß auch umfangreiche Botschaften vollständig den Konsumenten vermittelt werden können, wenn sie nur oft genug wiederholt werden. Dabei ist aber zu bedenken, daß (tendenziell) mit dem Umfang der Information der Aufwand an notwendigen Wiederholungen überproportional wächst. Auch dieses Ergebnis spricht für die Faustregel bezüglich des Informationsgehaltes: "Weniger ist Mehr". Allerdings sind auch hier wieder Inhalt und Struktur der Information zu bedenken, die nicht nur das Lernen, sondern auch die Wahrnehmung begünstigen oder behindern können.

## Wiederholen der Werbung ist für das Lernen unerläßlich - aber wie?

Führen wir uns die oben dargestellte Vergessenskurve noch einmal vor Augen. Schon nach wenigen Minuten setzt das Vergessen einer einmal gelernten Werbebotschaft unerbittlich ein. Die Konsequenz aus dieser Erkenntnis muß lauten: Ein häufiges Wiederholen der Werbebotschaft ist absolut unerläßlich, wenn die Konsumenten die Werbeinformation länger als einen Tag behalten sollen.

Wie häufig und wann soll man die Werbung wiederholen, damit sie sich gut im Gedächtnis der Konsumenten einprägt? Eine Untersuchung in diese Richtung hat Zielske (1959) durchgeführt. Er wählte zufällig aus dem Chicagoer Telefonbuch Hausfrauen aus und bildete zwei Gruppen. Die erste Gruppe erhielt 13mal eine bestimmte Anzeige im Intervall von jeweils einer Woche zugeschickt. Die zweite Gruppe erhielt dieselbe Anzeige 13 mal in Abständen von jeweils vier Wochen. Der Lernerfolg wurde gemessen, indem die Frauen angerufen wurden und mit bestimmten Hilfsfragen geprüft wurde, ob sie sich frei an die Anzeige erinnerten.

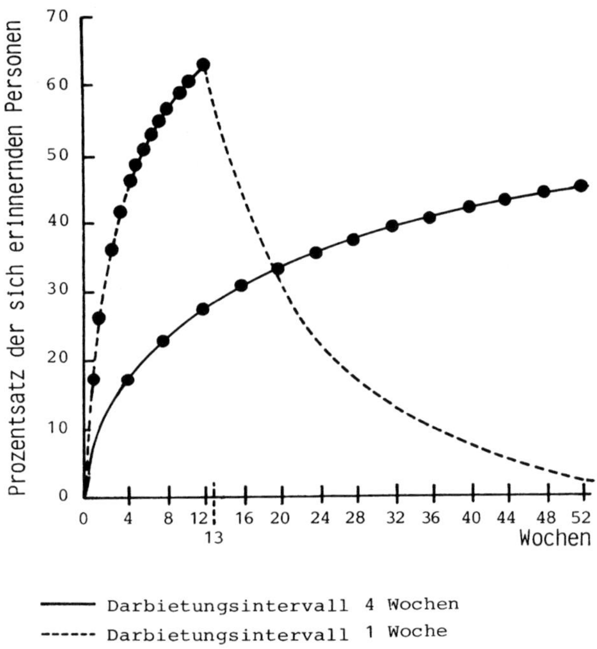


Abbildung 27: Zusammenhang zwischen Erinnerung und Darbietungsintervall (aus: von Rosenstiel/Neumann 1991, S. 104)

Die Ergebnisse sind graphisch in Abbildung 27 dargestellt. Für die Gestaltung von Werbung lassen sich daraus folgende Aussagen ableiten:

- Einschaltungen mit kürzerem Intervall führen zu einer rascheren Erinnerung.
- Werbung wird rasch vergessen, wenn der Konsument ihr nicht beständig ausgesetzt ist.
- Die zeitliche Verteilung des Werbebudgets sollte zielabhängig erfolgen: Ist kurzfristige Maximierung der Erinnerung das Ziel (Saisonwaren, Wahlkampf): Massierung der Werbung. Ist hohe durchschnittliche Erinnerung über längeren Zeitraum angestrebt: Gleichmäßige Verteilung.

**Vorwissen der Empfänger - ein Vorteil?**

Eine scheinbare Paradoxie des Lernens besteht darin, daß wir um so mehr über einen Gegenstand dazulernen können, je mehr wir schon von ihm wissen. (Dies gilt freilich in einer längerfristigen Perspektive, da kurzfristig immer die aktuelle Aufnahmegrenze beachtet werden muß.) Das liegt daran, daß das Gehirn anders funktioniert, als ein Gefäß, das man nur so weit füllen kann, bis es überläuft. Vielmehr funktioniert die Wissensspeicherung in einer anderen Weise. Ein mögliches Modell dafür ist das der "semantischen Netze".[42]

Eine neue Information wird nur gelernt, wenn es gelingt, sie in das semantische Netz aus den bereits bekannten Informationen einzuknüpfen. Daraus lassen sich in zwei Tendenzaussagen ableiten:

- Je enger das bestehende semantische Netz aus Vorwissen geknüpft ist (je größer das Vorwissen ist), desto eher bleibt eine neue Information darin "hängen".

---

[42] Die eigentliche Wissensspeicherung dürfte, soweit man heute weiß, ein chemischer Vorgang sein, der nicht wieder rückgängig gemacht werden kann. Einmal Gelerntes verläßt also nie wieder das Gehirn. Es kann aber gleichsam „verschüttet“ werden, denn bei der Erinnerung muß die irgendwo im Gehirn abgespeicherte Information erst einmal gefunden werden. Die „Bahnen“, die zu den Informationen führen, können verlorengehen. Ein semantisches Netz ist eine Darstellung für diese Bahnen.

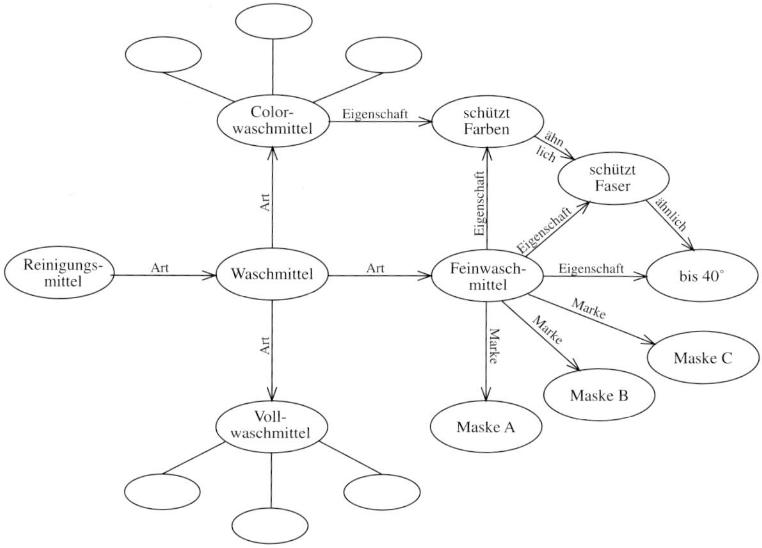


Abbildung 28: Beispiel für ein semantisches Netz

- Je enger die neue Information mit dem Vorwissen in Zusammenhang steht, desto besser kann sie in das bestehende Netz eingefügt werden.

Für die Werbung heißt dies konkret: Je mehr Wissen die Mitglieder der Zielgruppe bereits über das Produkt gesammelt haben (das läßt sich durch Marktforschung herausbekommen), desto leichter können sie neue und komplexe Information verarbeiten und dem bekannten Produktwissen zuordnen. Die Zuordnung zum produktspezifischen Vorwissen kann sogar so "gut" funktionieren, daß Werbung für neue, unbekannte Marken dem Wissen über eine schon bekannte Marke zugeordnet wird.
Bereits 1944 fand Foley, daß befragte Versuchspersonen auf den damals zwar bekannten, aber weniger als heute bekannten Markennamen "Pepsi Cola" zu 22% die Marke "Coca Cola" assoziierten. Auf das noch weniger bekannte Reizwort "Dixie-Cola" assoziierten sogar 29% der Versuchspersonen "Coca Cola". Umgekehrt assoziierten auf "Coca Cola" nur 10% "Pepsi Cola". Man muß davon ausgehen, daß zu dieser Zeit die Werbung für

Pepsi Cola bei einem nicht geringen Teil der Konsumenten als Werbung für Coca Cola "angekommen" ist. Mit zunehmender Bekanntheit der Marke Pepsi Cola allerdings dürfte dieser Effekt abnehmen.[43]
Aus der Tatsache, "Werbung für andere"[44] zu machen, sollten kleine Anbieter jedoch nicht ableiten, auf Werbung zu verzichten. Auch wenn die Streuverluste hoch sind, kann die Werbung insgesamt dennoch effektiv sein. Vor allem aber sollten sich kleine Anbieter darauf konzentrieren, ein eigenes, sichtbar anderes Profil zu entwickeln und zu kommunizieren. Ein eigenständiges Profil ist für kleine Anbieter auch leichter zu realisieren, da sie ihr Profil nicht auf die vielfältigen Geschmacksrichtungen eines Massenpublikums abstimmen müssen, sondern sich auf eine kleine, abgegrenzte Zielgruppe konzentrieren können.

**Lernerfolg durch richtige Struktur der Information?**

Aus der Schule wissen wir: Mancher Stoff bereitet uns große Lernmühen, anderer dagegen ist leicht und eingängig. Meist ist es komplizierte und abstrakte Information, die sehr schwer zu behalten ist, selbst wenn wir uns aktiv darum bemühen. Durch die richtige Aufbereitung der Werbeinformation können wir also auch einen bedeutenden Beitrag dafür leisten, daß sie von den Adressaten besser gelernt wird.
Wie aber soll man Werbemaßnahmen strukturieren, damit sie besser lernbar sind? Grundsätzlich kann man davon ausgehen, daß gut wahrnehmbare, also prägnante und inhaltlich bedeutende Information auch besser behalten wird. Besondere Betonung soll hier auf die Bildkommunikation gelegt werden, weil Bildillustrationen der wohl wichtigste Schlüssel zu einer guten Erinnerung von Werbung sind.
Paivio (1971) legte seinen Versuchspersonen Bilder (z. B. das Bild eines Klaviers), bildliche Begriffe (z. B. das Wort "Klavier") und abstrakte Begriffe (das Wort "Musik") vor. Bilder wurden deutlich besser behalten als Worte. Einmal gesehene Bilder werden mit

[43] Vgl. dazu auch die Überlegungen von Hoffmann (1972), insbes. S. 54f.
[44] Hoffmann (1972).

einer nur sehr geringen Fehlerquote wiedererkannt, ganz im Unterschied zu Wörtern und Sätzen.[45] Diese Ergebnisse decken sich voll mit unserer alltäglichen Erfahrung. Wie oft stehen wir etwa vor einem bekannten Gesicht und fragen uns: "Wie war noch gleich sein (ihr) Name?" Insgesamt gilt also bezüglich des Lernens die Hierarchie (tendenziell):[46]

Bilder

Konkrete Sprache

Abstrakte Sprache

Für die Gestaltung von Werbung läßt sich daraus ableiten:

- Die Teile der Werbebotschaft, die besonders im Gedächtnis verankert werden sollen, sollten unbedingt visualisiert werden. In der Regel heißt dies: Der Nutzen des Produktes soll durch Bilder veranschaulicht werden.
- Bilder, die nichts mit dem Produkt zu tun haben, sind in der Regel Verschwendung. Sie fördern nicht das Behalten des Produktes, sondern nur das Behalten der Werbung. Es kann nicht Sinn der Werbung sein, daß sich die Konsumenten an lustige Tiergeschichten, erotische Mädchen, faszinierende Landschaften oder glückliche Familien hervorragend erinnern können, den verbal dargestellten Produktnutzen aber vergessen.
- Teile, die nur Beiwerk sind oder das Verständnis erleichtern sollen, können bewußt verbal ausgedrückt werden. Dies gilt besonders für Information, die das Produkt in der Erinnerung in einen negativen Kontext stellen könnte. Negative verbale Assoziationen werden schneller wieder vergessen, während die positiven Bilder bleiben. Z. B. könnte in einem Fernsehspot ein Problem mündlich vorgestellt werden, die Problemlösung durch das Produkt im Bild.

Obwohl die besondere Wirkung von Bildern wirklich eine Binsenweisheit ist, findet man immer wieder Beispiele schlecht

---

[45] Vgl. Shepard (1967), der bei einem Wiedererkennungstest aus 612 Bildern eine durchschnittliche Fehlerquote von 1,5% fand.

[46] Vgl. auch zum vorhergehenden Kroeber-Riel (1992), insbes. S. 356.

illustrierter Werbung. Vor allem bei abstrakten Produkten und abstraktem Produktnutzen ist es nicht leicht, ein Bild zu entwerfen, das den Produktnutzen zutreffend darstellt. Abbildung 29 zeigt zwei Werbeanzeigen, die beide eine ähnliche, abstrakte Schlüsselbotschaft liefern sollen. In beiden Fällen geht es um so etwas wie "Anschlußfähigkeit".
In der SAP-Anzeige wird auf die Kombinierbarkeit verschiedener EDV-Module der Firma SAP untereinander und ihre Anschlußfähigkeit an die Geschäftsprozesse der Kunden abgehoben. In der UNISYS-Anzeige geht es darum, daß die EDV-Lösungen von UNISYS mit den EDV-Modulen anderer Anbieter kombinierbar sind, was für die Kunden z. B. den Vorteil hat, daß bestehende EDV-Systeme weiterverwendet werden können.[47]
Es ist "offen-sichtlich", welche Anzeige den Produktnutzen visualisiert und welche Anzeige eher ein "tolles Bild" zeigt. Das "tolle" Bild der UNISYS-Anzeige dürfte gut im Gedächtnis der Betrachter bleiben, aber was ist damit gewonnen? Zunächst nur die Erinnerung an einen Mann, der sich aus einem Steinblock befreien will, aber es nicht schafft, da er viel zu tief darin eingemauert ist.
Der Zusammenhang zum eigentlich beworbenen Produktvorteil der Anschlußfähigkeit muß erst durch einen Denkprozess des Betrachters hergestellt werden Dies dürfte jedoch häufig nicht geschehen. Demgegenüber zeigt die Anzeige von SAP, daß es sehr wohl möglich ist, auch abstrakte Zusammenhänge anschaulich zu machen.
Leider wird jedoch viel zu oft der Produktnutzen verbal dargestellt und bildlich nur statisch das Produkt dargestellt oder - schlimmer - ein irrelevanter "eye catcher" verwendet. Dies geschieht sogar bei Produktnutzen, der gegenständlich ist und

[47] Soweit zumindest unsere Interpretation des Begleittextes, der leider so abstrakt gehalten ist, daß man ihn nur mit sehr profundem Vorwissen und durch konzentriertes Lesen verstehen kann.
[48] Vgl. Haber (1981), Kroeber-Riel (1992), S. 357.

# Einladung - CeBIT '95

## Mehr Wettbewerbsstärke durch optimierte Business-Prozesse: SAP

**CeBIT-Highlights:**

- Neues R/3 Release 3.0
- Mittelstandslösung R/3
- SAP Services
- Verbindung verteilter Anwendungen
- SAP Business Workflow
- ABAP/4 Development Workbench
- R/2 Release 6.0

Wenn Ihnen jemand zuvorgekommen ist und Sie hier das Programmheft zum CeBIT-Kongreß der SAP und Partner nicht mehr vorfinden, schicken wir Ihnen gerne ein Exemplar zu. Bitte fordern Sie das Programm mit dem Info-Fax auf der Rückseite dieser Einladung an.

SAP®

▲ Abbildung 29: Visualisierung des Produktnutzens versus "tolles Bild" ▶

damit auch leicht bildlich darzustellen wäre.[48] Positive Beispiele bildhafter Kommunikation zeigen: Die Schlüsselbotschaft, kann (in den meisten Fällen) und sollte bildlich dargestellt werden.[49]

**Motivierte Personen lernen besser**

Die Bedeutung der Motivation für das Gedächtnis ist so offensichtlich, daß sie früh erkannt wurde. Sie kann die Wiederholung und die Intensität des Reizes völlig in den Schatten stellen. Ein ganz einfaches Beispiel zeigt das.

Ein 16jähriges Mädchen ist bei Freunden der Eltern für drei Wochen in ein Landhaus eingeladen. Es wohnt dort in einem Mansardenzimmer. Die Wand steigt schräg über dem Waschbecken an. Das Mädchen stößt sich fast täglich - manchmal sogar mehrfach - beim Waschen den Kopf recht kräftig. Der Sohn des Hauses ist älter - 26 Jahre. Er ist Student, während der Semesterferien daheim bei den Eltern. Das Mädchen verliebt sich augenblicklich in ihn, wagt es ihm aber nicht zu zeigen. Sie schwärmt ihn an, liegt nachts wach und malt sich Wunschbilder aus. Wenn sie ihn sieht, glaubt sie zugleich rot und bleich zu werden, die Knie scheinen aus Butter zu sein. Am Abend vor ihrer endgültigen Abreise steht sie auf der Terrasse, auf das Geländer gestützt, schaut in den Garten, der im Dämmerlicht versinkt, denkt an "ihn". Er war mit dem Auto fortgefahren, kommt gerade heim, geht durch den Garten, lehnt sich neben ihr an das Geländer. Er sieht sie von der Seite an, fährt mit einem Mal zart mit seiner rechten Hand durch ihr Haar. Danach geht er ins Haus.

Es kam zu keiner Wiederholung. Die objektive Intensität des Reizes war sehr gering, sie lag nur knapp über der Reizschwelle. Das Mädchen wird sich dennoch lebenslang an diese Szene erinnern, an die intensiven, häufig wiederholten Stöße des Kopfes beim Waschen aber nicht mehr erinnern können. Der Grund ist offensichtlich. Die Ereignisse waren in unterschiedlichen Motivationsstrukturen eingebettet und hatten eine entsprechend verschiedenartige Relevanz.

---

[49] Beispiele für die verschiedenen Möglichkeiten, die Schlüsselbotschaft bildlich darzustellen, finden sich in Ruge (1988), Kroeber-Riel (1992), insbes. S.357ff., Kroeber-Riel (1993), Weinberg (1992).

Aus der Bedeutung der Motivation für das Gedächtnis lassen sich zwei grundsätzliche Regeln für die Werbung ableiten:

- Motivierte Personen lernen besser. In Bezug auf die Werbung heißt das vor allem, daß einem involvierten Publikum (etwa in Fachzeitschriften oder auf speziellen Veranstaltungen) mehr Werbeinformation zur Aufnahme "zugemutet" werden kann als wenig involvierten Adressaten. Leider (?) jedoch sind involvierte Adressaten die Ausnahme. (Vergleiche zum Involvement die Überlegungen in Kapitel 4.1.)
- Werbung muß es daher gelingen, die Adressaten in Richtung auf das Produkt zu motivieren. Dann wird sie erheblich besser erinnert. Da Motivation nicht nur auf die Erinnerung wirkt, sondern auch auf das letztlich entscheidende Kaufverhalten, wird diese Thematik in einem eigenen Kapitel (Kap. 6) genauer untersucht.

Als kleine Vorbereitung auf die Diskussion in Kapitel 6 wollen wir hier auf eine spezifische Lerntechnik eingehen, die letztlich darauf basiert, daß die Lernenden künstlich motiviert werden. Es ist das Lernen durch Erfolg und Mißerfolg ("operante Konditionierung"[50]). Gelernt werden demnach Inhalte, vor allem aber Verhaltensweisen, denen eine angenehme Situation folgt und Verhaltensweisen, die zur Aufhebung einer unangenehmen Situation führen. Die Situation, die sich nach dem zu lernenden Verhalten einstellt, wirkt als "Verstärkung". Abbildung 30 illustriert das Schema einer operanten Konditionierung.
Die Werbung kann Konsumenten künstlich motivieren, den Produktgebrauch zu lernen, indem sie den Konsum des Produktes belohnt oder den Nichtkonsum bestraft. Da Werbung eine indirekte Form der Kommunikation ist, ist eine direkte Belohnung oder Bestrafung zwar schwierig, aber nicht unbedingt unmöglich. Eine mögliche direkte Belohnung kann etwa darin bestehen, daß Gratisproben verteilt werden. Der Konsum des Produktes wird dann gelernt, wenn sich nach Gebrauch der

[50] Thorndike (1913).

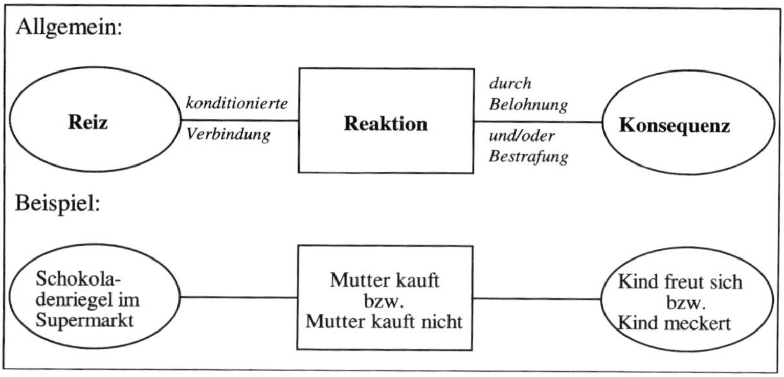


Abbildung 30: Operante Konditionierung (Schematische Darstellung)

Gratisprobe ein Erfolg (das Produkt nützt in der Wahrnehmung des Konsumenten etwas) einstellt.
In der Werbung eher möglich und aus lerntheoretischer Sicht ebenfalls wirksam ist die "stellvertretende Verstärkung"[51]. Hier wird nicht das Verhalten der lernenden Person selbst verstärkt, sondern das Verhalten einer Modellperson. Hintergrund für diese Theorie ist die Überlegung, daß wir nicht nur aus unserem eigenen Schaden und Nutzen klug werden, sondern auch aus miterlebtem Schaden oder Nutzen, den andere Personen erleiden.[52]
Die Lernmethode der stellvertretenden Verstärkung kann in der Werbung sehr gut angewendet werden und erfreut sich auch recht großer Verbreitung.
Beispiele für eine stellvertretende Belohnung sind: Eine Modellperson erfreut sich sichtbar am Genuß, den ihr der Verzehr eines Nahrungsmittels bereitet hat. Ein Kind ist nicht länger lustlos, nachdem es einen übelschmeckenden Saft verabreicht bekommen hat. Beispiele für eine stellvertretende Bestrafung sind: Eine Person erlebt einen großen Schaden, weil sie nicht versichert war. Eine Mutter verliert die Zuneigung ihrer Familie, weil die Wäsche kratzt (und gewinnt sie, nachdem sie ein bestimmtes Weichspülmittel verwendet).

---

[51] Brandura (1971).
[52] Vgl. auch Schönpflug/Schönpflug (1989), S. 343.

Vorsicht ist allerdings geboten, wenn mit negativen Reizen (Bestrafung oder Belohnung durch Aufhebung einer negativen Situation) gearbeitet wird. Durch negative Reize wird immer in einem mehr oder weniger starkem Maße Angst aufgebaut. Wenn die Adressaten Angstgefühle mit dem Produkt empfinden, werden sie diese Angst abzuwehren versuchen, indem sie einen Kontakt mit dem Produkt vermeiden. Der Grund liegt darin, daß zugleich mit den hier besprochenen kognitiven Inhalten das Individuum immer auch die Gefühle mitlernt, die es in der Lernsituation erlebt hat. Über dieses Thema werden wir im nächsten Kapitel sprechen.

## 5.2. Lernen von Gefühlen

*Dieses Kapitel*
- diskutiert die Bedeutung einer emotionale Produktdifferenzierung für das Marketing,
- stellt die klassische Konditionierung als wichtigstes theoretisches Grundkonzept zur Vermittlung von Gefühlen vor und
- leitet daraus Techniken zur Vermittlung von produktbezogenen Emotionen ab.

Bereits in Kapitel 4.3. ist es angeklungen, in den Kapiteln 6 und 7 werden wir es weiter vertiefen: Auch bei sachlicher Beurteilung ist das emotionale Fundament von entscheidender Bedeutung. Noch mehr gilt dies für Konsumentenentscheidungen, die kaum rational kontrolliert werden. Hier kommt es fast ausschließlich auf die gefühlsmäßige Einstellung an. Neben dem Vermitteln von sachlichem Wissen ist es daher für die Werbung mindestens ebenso wichtig, wahrscheinlich sogar wichtiger, positive Gefühle über das Produkt zu vermitteln.

**Wann ist emotionale Werbung sinnvoll?**

Die Kopplung von Gefühlen an das Produkt ist um so erfolgversprechender, je weniger die Kaufentscheidung von sachlichen

Unterschieden abhängt. Dies ist vor allem in folgenden Situationen gegeben.

- Auf gesättigten Märkten, auf denen kaum sachliche Qualitätsunterschiede bestehen, ist die emotionale Konditionierung fast die einzige mögliche Produktdifferenzierung.
- Wenn die Produkte nicht (mehr) erklärungsbedürftig sind, und die sachlichen Eigenschaften der Produkte von den Konsumenten ungefähr gleich wahrgenommen werden, kann Werbung fast völlig auf Sachinformation verzichten.
- Zielgruppen, in denen genuß- und erlebnisbetonte Werthaltungen vorherrschen, kann sachliche Werbung nicht erreichen. Diese Personengruppen sind mehr an emotionalem als an sachlichem Produktnutzen interessiert.

Insgesamt scheinen emotionale Elemente für die Werbung und das Marketing immer wichtiger zu werden, während sachliche Qualitätsunterschiede in den Hintergrund treten. Der gesellschaftliche Wertewandel und die qualitative Angleichung der Produkte sind die Hauptgründe für diesen Trend. Vor diesem Hintergrund werden in das "Erlebnismarketing"[53] - wohl zu Recht - große Hoffnungen gesetzt.
Dennoch ist auch eine gewisse Vorsicht geboten: Der Trend beruht zu einem großen Teil darauf, daß Qualitätsunterschiede an Bedeutung verlieren, weil die verschiedenen Produkte ähnlich *hohe* Qualität aufweisen. Wenn ein Anbieter hinter dem Qualitätsstandard der Branche zurückbleibt oder wenn ein Wettbewerber eine spürbare Innovation bietet, kann das Fundament einheitlicher Qualität für diesen Trend brechen. In diesem Falle spielen dann doch wieder sachliche Aspekte die kaufentscheidende Rolle. Krasse Qualitätsunterschiede können auch durch ausgefeilte emotionale Werbung nicht beliebig aufgewogen werden.
Auf die Frage nach einem Gleichgewicht zwischen sachlicher Produktinformation und emotionaler Konditionierung werden wir am Ende dieses Kapitels wieder zurückkommen.

---

[53] Weinberg (1992).

**Anwendungsbeispiel**

Wie die Vermittlung von emotionalen Erlebnissen in der Praxis aussehen kann, soll an einem eindrucksvollen Beispiel illustriert werden, das Kroeber-Riel (1992, S. 114f.) referiert:[54] Die Verpackung einer Reismarke (Handelsmarke der Co op Schweiz) wurde von einer neutralen Verpackung, die über eine Klarsichtfolie Durchblick auf das Produkt freigab, auf eine emotional gestaltete Verpackung umgestellt. Die "emotionale" Verpackung ist undurchsichtig und zeigt einen appetitlich angerichteten Reis, der mit verschiedenen Zutaten arrangiert auf einem Tisch präsentiert wird (vgl. Abbildung 31). Durch die erlebnisbetonte Verpackung konnte der Umsatz bei sonst gleichen Bedingungen angeblich um mehr als 60% gesteigert werden.

Abbildung 31: Beispiel für die Vermittlung von Emotionen
(entnommen aus: Kroeber-Riel 1992, S. 115.)

**Lernen von Gefühlen durch klassische Konditionierung**

Wie können wir erreichen, daß ein Konsument dauerhaft mit einem Produkt, einem Markennamen, einer politischen Partei

[54] Vgl. auch die Vielzahl von Beispielen in Kroeber-Riel (1993) und Weinberg (1992).

oder einer Idee ganz bestimmte positive Gefühle verbindet? Dazu müssen wir zunächst einmal verstehen, wie das Lernen von Gefühlen überhaupt vor sich geht. Eine sehr brauchbare (nicht die einzige) Theorie, die das Lernen von Gefühlen beschreiben kann, ist die der "klassischen Konditionierung". Eine schematische Darstellung der Funktionsweise der klassischen Konditionierung ist in Abbildung 32 dargestellt.

Berühmt sind die Versuche des sowjetischen Forschers Pawlow, der Hunden ihr Futter zusammen mit einem Glockenton vorsetzte. Das Futter löst beim Hund einen vermehrten Speichelfluß aus. Wurde nun hinreichend oft ein Glockenton gleichzeitig mit dem Futter präsentiert, konnte schließlich auch der Glockenton allein einen vermehrten Speichelfluß auslösen. Was war hier passiert? Zwischen dem Reiz "Futter" und der Reaktion "Speichelfluß" besteht eine natürliche, "unbedingte" Verbindung. Wird nun mit dem unbedingten Reiz (Futter) ein bedingter Reiz (Glockenton) gepaart, wird eine neue, "bedingte" Reiz-Reaktions-Verbindung

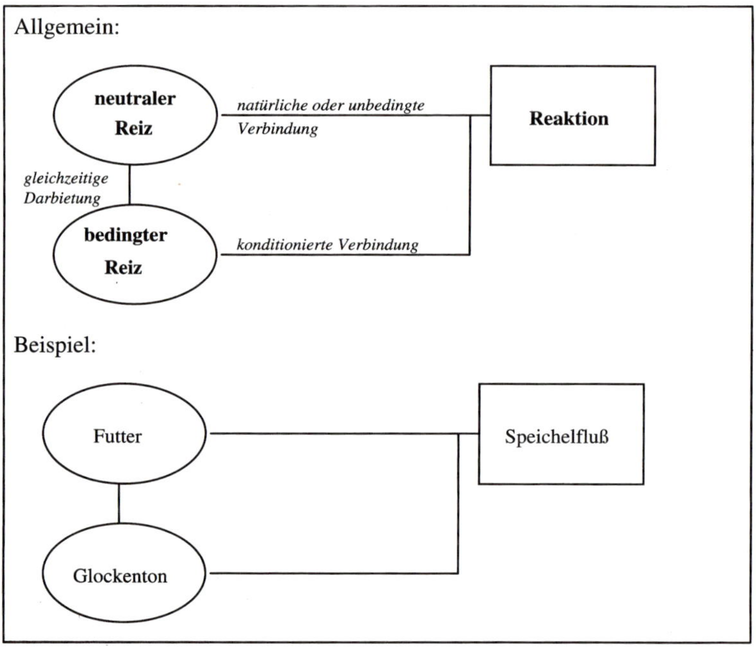


Abbildung 32: Klassische Konditionierung (Schematische Darstellung)

aufgebaut. Dieser Vorgang heißt (heute, noch nicht bei Pawlow) "klassische Konditionierung".

Bei dieser Theorie sind folgende Punkte zu beachten:

- Der Glockenton war zuvor ein "neutraler" Reiz, der nicht eine eigene Reaktion auslöst, die den Speichelfluß beeinträchtigen könnte. Neue Reaktionen lassen sich schlechter an Reize konditionieren, die bereits mit anderen, inkompatiblen Reaktionen gekoppelt sind. Produkte sind in der Regel schon emotional "vorbelastet".
- Wird der Glockenton nach der Konditionierung wiederholt ohne Futter dargeboten, verliert sich die gelernte Reaktion wieder. Die gelernte Reiz-Reaktions-Verbindung schwächt sich also ab ("Extinktion"), wenn sie nicht immer wieder "aufgefrischt" wird. Wiederholung ist also auch das "A und O" beim Lernen von Gefühlen.
- Der Glockenton wurde in diesem Versuch an eine angeborene Reiz-Reaktions-Verbindung gekoppelt. Dies muß nicht so ein. Es ist auch möglich, einen neutralen Reiz an eine zuvor erlernte Reiz-Reaktions-Verbindung zu koppeln, wenn die gelernte Verbindung hinreichend stabil ist (Konditionierung höherer Ordnung).
- Die Konditionierung fand an einem Hund statt. Für die erfolgreiche Konditionierung bedarf es keiner gedanklichen Anstrengung. Vielmehr kann eine rationale Kontrolle den Konditionierungserfolg beeinträchtigen. Hier liegen große Chancen (aber auch Gefahren) für die Beeinflussung.

Die Werbepsychologie kann sich diese Gesetzmäßigkeiten zunutze machen: Wird ein emotional neutrales Produkt wiederholt gleichzeitig mit Reizen dargeboten, die bestimmte Gefühlsreaktionen auslösen, kann schließlich das vormals neutrale Produkt allein diese Gefühle auslösen.
Ausgehend von dieser Basis wollen wir nun untersuchen, auf welche Weise Werbung die Technik der emotionalen Konditionierung nutzen kann.

**Allgemein positive Gefühle oder markenspezifisches Profil?**
Die erste Frage für die emotionale Gestaltung von Werbung ist sicherlich, welche Art von Emotion vermittelt werden soll. Hierzu können zwei Wege unterschieden werden:

- Wenn eine allgemein positive Einstellung bei den Adressaten erzeugt werden soll, ist es sinnvoll, in der Werbung allgemein positive Motive zu verwenden. Für diese Zielvorstellung kann es auch angebracht sein, die emotionalen Motive häufiger zu wechseln.
- Wenn es darauf ankommt, ein von anderen Angeboten abgehobenes, klar definiertes Erlebnisprofil zu schaffen, sollten stoßkräftige, emotionale Reize gegeben werden, die thematisch gleich sind und oft wiederholt werden.

Ein Experiment, das die Möglichkeiten auslotet, einer Marke ein spezifisches Erlebnisprofil zu geben, ist das "HOBA-Experiment" von Kroeber-Riel:[55] HOBA-Seife ist Phantasiemarke, die für die Versuchspersonen emotional nicht besetzt war, wie am Beginn des Experimentes durch psychobiologische (Hautwiderstand) und verbale (Semantisches Profil) Messungen nachgewiesen wurde.[56] Die Versuchspersonen wurden gebeten, sich 9 Filme im Abstand von mindestens einem Tag anzusehen, bei denen vorher die übliche Kinowerbung inklusive einer Diaanzeige mit "HOBA-Seife" gezeigt wurde. Dabei wurden vier Gruppen gebildet, die unterschiedliche Diaanzeigen im Werbevorspann erhielten.

Die vier Gruppen sahen jeweils
1. schwach emotionale Werbung ohne Text,
2. stark emotionale Werbung ohne Text (drei Gefühle: Erotik, soziales Glück, Urlaubsstimmung),
3. schwach emotionale Werbung mit Text,
4. stark emotionale Werbung mit Text.

---

[55] Vgl. Kroeber-Riel (1992), S. 128ff.
[56] Vgl. zu den Meßverfahren Kapitel 6.4. und 7.4..

Nach diesen Konditionierungen wurde erneut das emotionale Erleben bezüglich HOBA-Seife (ohne Bezugnahme auf die Dias) gemessen. Tatsächlich schrieben die Versuchspersonen, die der stark emotionalen Werbung ausgesetzt waren, der Seife nun emotionale Eigenschaften (zärtlich, erlebnisreich, fröhlich, erregend) zu, die vorher im Seifenimage fehlten. Der emotionale Eindruck war dabei unabhängig davon, ob zusätzlich ein Text mit Sachinformation gegeben wurde. Vielmehr kommt es auf die Stärke der emotionalen Reize und ihre Wiederholung an.

**Durch welche Medien werden Emotionen vermittelt?**

Bei der Vermittlung von Emotionen kommt es also darauf an, stoßkräftige Reize zu geben, die gleichsam "unter die Haut gehen". Eine wirklich erfolgreiche Konditionierung von Gefühlen kann nur gelingen, wenn Reize gefunden werden, die

- dem Soll-Profil der Marke und der Identität des Unternehmens entsprechen,
- die angepeilte Zielgruppe ansprechen,
- aktivieren,
- sich wahrnehmbar von den Profilen anderer Angebote abheben.

Es ist nicht leicht, Erlebnisse zu generieren, die die gewünschten Emotionen auslösen und dabei eigenständig sind. Die verbreitete Austauschbarkeit der Werbemotive verschiedener Anbieter weist darauf hin. Hier sollen Suchfelder eröffnet werden, kreativ neue Erlebniskonzepte zu finden. Reize, die Emotionen auslösen, gibt es in allen Sinnesbereichen. Besonders untersucht werden hier Bilder, Musik und verbale Kommunikation.

**Bilder:** Bilder eignen sich besonders gut zur Vermittlung von Emotionen, weil sie besonders gut wahrgenommen und behalten werden und weil sie kognitiv weniger analytisch verarbeitet werden als etwa Worte. Um zu emotional wirksamen Bildern zu kommen, schlägt Kroeber-Riel drei Suchfelder vor[57]

---

[57] Vgl. Kroeber-Riel (1993), S. 151ff.

- Biologisch vorprogrammierte Erlebnisschemata. Beispiele sind erotische Darstellungen (Dekolleté, muskulöser Mann), Mimik und Gestik (Augen, Zähne, Bewegungen), Typen (Vaterfigur, Kindchenschema, schlafende Schöne), Naturereignisse (Sonnenuntergang, Vulkanausbruch), Jahreszeiten, Nahrungsmittel.
- Kulturell geprägte Erlebnisschemata. Beispiele sind Landschaften (Urwald, Mittelmeer), soziale Ereignisse (Hochzeit, Familienessen), Charaktere (Cowboy, Diva), Verhaltensformeln (Händeschütteln, Verbeugung), symbolische Gegenstände (wehende Flagge, griechische Säule).
- Zielgruppenspezifisch gelernte Erlebnisschemata. Beispiele sind Sport, Geschäftswelt, Technik, prominente Personen, Hausfrau und Mutter, Studentenleben.

**Musik:** Hier ist zwischen der Verwendung bekannter Melodien und der Neukomposition zu unterscheiden. Beide Formen der Musik lösen Emotionen durch Melodie, Rhythmus, Tonart, Tonlage und Geschwindigkeit aus. Bei bekannten Melodien kommt jedoch ein zweiter Effekt hinzu. Bekannte Melodien sind häufig bereits mit bestimmten zusätzlichen Emotionen konditioniert. Dadurch kommt es in der Werbung zu Konditionierungen höherer Ordnung, die nur begrenzt kontrolliert werden können, weil die Erfahrungen mit dem Musikstück individuell verschieden sind. Bei einigen Adressaten könnte es das Lied sein, das gespielt wurde, als sie sich zum ersten Mal verliebten, ein anderer mag das Lied gerade im Autoradio gehört haben, als er einen Unfall hatte.
Blair/Shimp untersuchten experimentell, wie sich den Adressaten bekannte Musik auf die Einstellungen gegenüber dem Produkt auswirkt. Sie bildeten zwei Gruppen von Versuchspersonen. Einer Gruppe wurde zunächst ein bestimmtes Musikstück in einem unangenehmen Kontext vorgespielt (Konditionierung erster Ordnung). Die andere Gruppe wurde nicht vorab mit der Musik konfrontiert. Dann wurde den Versuchspersonen eine Werbung für eine bestimmte Marke dargeboten, in der die Komposition verwendet wurde (Konditionierung zweiter Ordnung). Die Personen, die vorab negative Gefühle in

Zusammenhang mit der Musik gelernt hatten, hatten eine weniger positive Einstellung zur Marke, als die nicht "vorbelastete" Gruppe.[58]

**Worte:** Verbale Ausdrücke können die durch Bilder ausgelösten Emotionen verstärken, etwa indem sie die emotionale Wirkung der Bilder in Worten beschreiben, können aber auch selbst Emotionen auslösen. Wörter und Sätze, von besonderer Bedeutung sind hier Slogans und Jingles. Weinberg nennt folgende Suchfelder für emotional aufgeladene Wörter und Ausdrücke:[59]

- Worte, die Schlüsse auf Sachverhalte nahelegen. Beispiele sind "Waschpflege", "Intensivpflege", "Haut-Balance".
- Worte, die Assoziationen an positive Erlebnisse oder andere, emotional besetzte Begriffe auslösen sowie lautmalerische Worte. Beispiele sind "aprilfrisch", "Softlan", "Brekkies".
- Verwendung emotional besetzter Worte in scheinbaren Sachaussagen. Beispiele sind "Vertrauen", "Sicherheit", "Qualität".
- Bildhafte Ausdrücke. Beispiele sind "Wir machen den Weg frei", "Schnell wie der Blitz".

**Konditionierung beliebiger Gefühle?**

Der Erfolg des "HOBA-Experimentes" legt die Schlußfolgerung nahe, daß nahezu jedes Gefühl an ein Produkt oder eine Marke konditioniert werden kann, wenn man nur die richtige Sozialtechnologie anwendet. Dieser Eindruck wird auch ein wenig bei Kroeber-Riel erzeugt. Hier ist jedoch Vorsicht geboten. Drei Aspekte sind besonders zu beachten:

- Die durch die Werbung gelernte Verbindung von Produkt und Emotion löst sich sehr schnell wieder, wenn sie beim Gebrauch des Produktes nicht verstärkt wird. Wenn etwa in der Werbung für eine Seife das Gefühl der Frische vermittelt wird, muß die-

---

[58] Vgl. Blair/Shimp (1992).
[59] Vgl. zum folgenden Weinberg (1992), S. 80f. und Kroeber-Riel/Mayer-Hentschel (1982).

ses Gefühl auch durch den Duft der Seife erlebbar sein. Insofern ist fraglich, ob sich der Konditionierungserfolg der "HOBA-Seife" halten ließe, wenn beim Produktgebrauch Eigenschaften wie "zärtlich" oder "fröhlich" nicht erlebbar sind. Auch andere Marketinginstrumente müssen mit dem Erlebnisprofil in Einklang stehen.

- Auch wenn die Konditionierung dauerhaft gelingt, ist damit nicht sichergestellt, daß die jeweiligen Emotionen auch kaufentscheidende Wirkung haben. Vielmehr sollten die Erlebnisse mit dem tatsächlichen Nutzen des Produktes in einem wahrnehmbaren Zusammenhang stehen.
- Eingeführte Marken haben bereits ein Erlebnisprofil, auch wenn dies in der Werbung bisher noch gar nicht bewußt kommuniziert wurde. Wenn sich bei den Konsumenten erst einmal bestimmte Einstellungen zu einem Produkt gebildet haben, ist es sehr schwer, diese Einstellungen wieder zu verändern (vgl. auch Kapitel 6). Auch eine Neupositionierung muß am sachlichen und gefühlsmäßigen Vorwissen der Adressaten anknüpfen und kann dieses nur langsam und in kleinen Schritten verändern.

Wenn es vor diesem Hintergrund angebracht erscheint, sich bei der Generierung von Erlebnissen für die Werbung am Charakter des Produktes zu orientieren, führt dies nicht zu gleichartiger, austauschbarer Werbung aller Anbieter einer Produktkategorie? Wenn es richtig ist, daß nicht jedes beliebige Erlebnis dauerhaft und kaufwirksam an ein Produkt konditioniert werden kann, heißt dies nicht im Umkehrschluß, daß für ein einzelnes Produkt nur eine sehr begrenzte Anzahl von Erlebnissen in Frage kommt? Etwa nach dem Motto: Alle Versicherungen werben mit Vertrauen, alle Getränke mit Erfrischung etc.
Gegen diese Sichtweise, die als willkommene Rechtfertigung für werbliche Einfallslosigkeit genutzt werden könnte (und wird), sind zwei Argumente einzuwenden:

1. Auch wenn man auf Erlebnisformen verzichtet, heißt dies noch lange nicht, daß die Möglichkeit neue Erlebnisse zu finden,

beschränkt ist. Auch auf den ersten Blick nicht naheliegende Emotionen können einen echten Produktnutzen begründen. Dies kann letztlich nur im Einzelfall empirisch überprüft werden.

2. Auch gleiche oder ähnliche Gefühle müssen nicht in gleicher Weise dargestellt werden. Vielmehr gibt es auch in der konkreten Umsetzung eines Erlebniskonzeptes unendlich viele Variationsmöglichkeiten.

Tatsächlich dürften nicht objektiv beschränkte Möglichkeiten, Produktnutzen erlebnismäßig umzusetzen, für die Austauschbarkeit vieler Werbemaßnahmen verantwortlich sein, sondern es gibt offenbar branchenübergreifend bestimmte Motive, die mehr oder weniger stereotyp als eine Art optisches Beiwerk für die Werbung verwendet werden, ohne Rücksicht darauf, ob sie mit dem Produkt in besonderem Zusammenhang stehen. Beispiele solcher Motive sind etwa: Mann und Frau in zärtlicher Haltung, Mädchen in erotischer Haltung, romantische Landschaft, geselliges Beisammensein von Freunden, glückliche Familie im Garten.[60] Ein Beispiel eines nicht-stereotypen und dennoch produktbezogenen Werbeauftritts, der Gefühle in Richtung Natürlichkeit, Gesundheit, Reinheit wecken soll, zeigt Abbildung 33

**Lernen von Gefühlen statt Information?**

Im "HOBA-Experiment" zeigte sich auch, daß die Konditionierung der Gefühle unabhängig von der Textinformation gelang. Ist es sinnvoll, ganz auf sachliche Produktinformation zu verzichten und nur Emotionen zu vermitteln? Für ein solches Vorgehen spricht vor allem, daß eine informationslose Werbung die rationale Kontrolle der Konsumenten unterlaufen kann, weil sie nicht oder zumindest anders kognitiv verarbeitet wird. Auch die im ersten Kapitel angesprochenen Trends der Informationsüberlastung und Hinwendung zu genußbetonten Werten sprechen für eine Bevorzugung der Emotion vor der Information. Dennoch dürfte es in den meisten Fällen nicht sinnvoll sein, völlig auf Information zu verzichten.

---

60 Vgl. auch die Darstellung von Beispielen austauschbarer Werbeanzeigen bei Kroeber-Riel (1993), S. 52ff.

◀ Abbildung 33: Neuartige Umsetzung eines emotionalen Werbethemas

Das Liefern von Sachinformation ist tendenziell um so wichtiger

- je mehr der Konsument involviert ist und je extensiver er seine Entscheidung trifft,
- je mehr der Konsument Argumente braucht, um seine Konsumentscheidung nachträglich zu rechtfertigen (etwa gegenüber Familienmitgliedern oder Freunden, aber auch sich selbst),
- je erklärungsbedürftiger das Produkt bzw. das Produkterlebnis ist.

Die beste Lösung dürfte wohl in den meisten Fällen in einer Kombination aus gefühlsbetontem Erlebnis und sachlicher Information liegen, allerdings in der Regel mit einem Schwerpunkt auf einer emotional stimmigen Botschaft. Es gibt Beispiele erfolgreicher Produkte, die mit einer völlig informationslosen Werbung vermarktet werden (z. B. Marlboro, C&A, viele Parfüms, Underberg, Abbildung 33). "Informationslos" darf jedoch nicht verwechselt werden mit "unverständlich".

## 5.3. Messung des Lernerfolges

*Dieses Kapitel*

- weist auf die Notwendigkeit von empirischen Messungen zum Lernerfolg bei Werbemitteln hin,
- stellt die wichtigsten Verfahren zur Messung der Gedächtnisleistung vor,
- gibt Hinweise darauf, wann welche Verfahren anzuwenden sind und
- beurteilt ihre Aussagekraft.

Die vorangegangenen Überlegungen haben uns gezeigt, daß wir sehr viel tun können, um den kognitiven und auch affektiven Lernerfolg zu verbessern. Ob die jeweiligen Maßnahmen im Einzelfall wirklich greifen, kann jedoch nur durch empirische

Tests herausgefunden werden. Wir wollen uns deshalb als Abschluß des Kapitels die wichtigsten Methoden anschauen, mit denen sich der Lernerfolg überprüfen läßt.

**Erinnerung des Werbeinhaltes**

Ob die Adressaten die Werbung tatsächlich wahrgenommen und auch behalten haben, läßt sich mit Methoden prüfen, die im Prinzip jeder kennt, der eine Schule besucht hat. Die zwei wichtigsten Methoden, das Wissen der Konsumenten zu prüfen sind:[61]

1. "Recall" (Erinnerung bzw. Reproduktion): Die Versuchsperson soll bei diesen Verfahren frei aus ihrer Erinnerung angeben, welches Wissen sie gespeichert hat. Beispiele für Recall-Fragen sind: Welche Werbespots haben Sie gestern gesehen? Was wurde darin gezeigt? Welche Schokoladenmarken kennen Sie?...
2. "Recognition" (Wiedererkennung): Die Versuchsperson bekommt hier das Werbemittel vorgelegt und muß nur angeben, ob sie sich daran erinnern kann.[62] Beispiele für Recognition-Fragen sind: War diese Anzeige in der von Ihnen gelesenen Illustrierten enthalten? Kreuzen Sie die Marken an, die sie kennen! ...

Die Übergänge zwischen den beiden Methoden sind fließend. In einem Lückentext zum Beispiel muß die Versuchsperson den Inhalt der Lücken zwar frei reproduzieren, aber das Textumfeld liegt ihr zur Wiedererkennung vor und gibt damit Hilfestellungen für die Reproduktionsleistung. Solche Verfahren, in denen die Reproduktion durch Hilfestellungen seitens des Versuchsleiters gestützt wird, heißen daher "Aided Recall".

Die Verfahren lassen sich auch untereinander kombinieren. Etwa kann die Versuchsperson zunächst gebeten werden, frei aus ihrer

---

[61] Vgl. hierzu auch von Rosenstiel/Neumann (1991), S. 102, Kroeber-Riel (1992), S. 363f.

[62] Falls Bedenken bestehen, daß die Versuchspersonen nicht wahrheitsgemäß antworten, können auch Werbemittel präsentiert werden, die die jeweilige Versuchsperson sicher nicht kennen kann. Antwortet sie hier mit "ja", ist davon auszugehen, daß die Antworten dieser Versuchsperson nicht gültig sind.

Erinnerung ein bestimmtes Werbemittel zu reproduzieren. Nicht reproduzierte Elemente können ihr dann in einem zweiten Schritt vorgelegt werden, um zu prüfen, ob sie wiedererkannt werden. Man sieht hier übrigens: Erinnerung ist nicht gleich Erinnerung. Wird das Wissen mit Hilfe eines Recall-Verfahrens gemessen, werden sich schlechtere Werte für die Gedächtnisleistung ergeben als bei einer Recognition-Messung. Die Unterschiede sind dabei gewaltig.[63] Erinnerungsleistungen, die unterschiedlich gemessen wurden, lassen sich daher *nicht* vergleichen.
Da die Verfahren offensichtlich unterschiedliche Dinge messen, müssen wir uns der Frage zuwenden, wann sich eigentlich welches Verfahren besser eignet:

- Recognition-Verfahren eignen sich besonders, wenn der Konsument beim Kauf ein Produkt nur wiedererkennen muß. Dies ist z. B. bei den Produkten der Fall, die im Selbstbedienungsladen erhältlich sind. Die Produkte stehen im Regal und müssen nur wiedererkannt werden.
- Recall-Verfahren sind gültiger, wenn ein Name oder eine Idee dauerhaft im Bewußtsein verankert und frei abrufbar sein soll. Produkte, nach denen der Kunde erst fragen muß, gehören in diese Kategorie. Aber auch grundsätzliche Einstellungen, wie z. B. der Lernerfolg einer Nichtraucherwerbung, muß auf diese Weise gemessen werden.

Schließlich sei der Vollständigkeit halber noch erwähnt, daß es neben den "direkten" Verfahren Recall und Recognition auch "indirekte" Verfahren zur Gedächtnismessung gibt. Die Messung des Aufwandes beim Wiederlernen, die Ebbinghaus in den oben beschriebenen Versuchen verwendete, ist eine solche indirekte Methode. Eine andere Methode besteht z. B. darin, den Versuchspersonen eine Art Puzzle einer Annonce vorzulegen und die Zeit zu messen, die sie für das Zusammensetzen benötigen. Je besser

[63] Ein Beispiel für die Größenordnung des Unterschiedes: In einer Studie von Luh (1922) wurde das Material nach einem Tag zu nur ca. 20% reproduziert (Recall), aber zu immerhin ca. 80% wiedererkannt (Recognition). (nach: Kroeber-Riel, 1992, S. 364.)

die Versuchsperson sich an die Annonce erinnert, desto leichter wird ihr diese Aufgabe fallen. Insgesamt spielen die indirekten Verfahren jedoch eine eher untergeordnete Rolle.

**Aussagekraft der Verfahren zur Prüfung der Gedächtnisleistung**

Nach unseren Überlegungen zur Messung der Wirksamkeit von Werbung (Kapitel 3.4.) ist klar, daß die Messung der Erinnerung von Werbemitteln nicht geeignet ist, den Gesamterfolg der Werbung (in der Regel Kauf) zuverlässig vorauszusagen. Sie ist aber sehr wohl geeignet, zu analysieren, welche Teilwirkungen in bezug auf das Gedächtnis von dem jeweiligen Werbemittel ausgehen. Hierbei interessieren vor allem die Teilwirkungen, die wirkliche Voraussetzungen für den Kauf bilden.
Dies ist keineswegs so einfach, wie es auf den ersten Blick scheint. Weit verbreitet etwa bei der Fernsehwerbung sind Recall-Messungen 24 Stunden nach der Darbietung.[64] Gemessen wird dabei, ob die Werbung im Gedächtnis geblieben ist. Die Erinnerung der Werbung ist aber etwas ganz anderes als die Erinnerung an das Produkt bzw. an die Gründe, die einen Kauf rechtfertigen könnten. Zudem ist auch die Situation, in der das Wissen abgerufen wird (z. B. Interview am Telefon), eine ganz andere als die tatsächliche Kaufsituation. Die Erinnerungsleistung ist aber auch von den spezifischen Anregungen und Überlegungen in der jeweiligen Situation abhängig.
Schließlich gibt es sogar Produkte, bei denen die Erinnerung von konkreten Werbeinhalten von völlig untergeordneter Bedeutung für den Kauf sind. Dies sind vor allem Produkte, die eher spontan und impulsiv gekauft werden und/oder in die der Konsument nur wenig involviert ist. Beim Kauf solcher Produkte entscheiden nicht Sachinformationen, die in der Werbung gelernt worden sein könnten, über den Kauf, sondern eher Gefühle und Einstellungen, an deren Herkunft keineswegs bewußt erinnert werden muß.

---

[64] Vgl. Kroeber-Riel (1992), S. 365.

**Messung des Lernerfolges bei Gefühlen**

Ob es gelungen ist, bestimmte Gefühle an ein Produkt zu konditionieren, läßt sich zwar auch mit Hilfe von Recall- und Recognition-Verfahren messen. (Z. B. "Welche Gefühle hatten Sie bei der Betrachtung der Anzeige X ?") Solche Messungen eignen sich aber kaum und sind auch nicht verbreitet.

Um herauszufinden, ob bestimmte Gefühle gelernt wurden, eignet sich am besten ein "Vorher-Nachher-Design", wie es etwa Kroeber-Riel bei seinem HOBA-Experiment verwendete.[65] Dazu werden Einstellungen und Gefühle vor der Darbietung des zu untersuchenden Werbemittels gemessen und diese Messungen nach der Darbietung wiederholt. Die Veränderung der Einstellungen und Gefühle gibt den Lernerfolg an. Neben verbalen Messungen sind auch physiologische Verfahren (z. B. Messung der Hautleitfähigkeit) möglich. Wie genau Einstellungen und Gefühle gemessen werden, werden wir in den folgenden Kapiteln zur Motivation und zum Image (insbes. Kapitel 6.4. und 7.4.) detailliert betrachten.

[65] Vgl. Kroeber-Riel (1993), S. 128ff.

# 6. MOTIVATION

Mit der Untersuchung der Wahrnehmungs- und Lernprozesse haben wir die grundsätzlichen Voraussetzungen für die Wirksamkeit von Werbung beim Individuum kennengelernt. Daß der einzelne ein Produkt überhaupt beachtet und auch die sachlichen und emotionalen Vorteile gelernt hat, sind notwendige Voraussetzungen dafür, daß er das jeweilige Produkt kauft. (Analoges gilt für die Übernahme von Ideen oder die Wahl von Personen.) Niemand aber kauft ein Produkt, *nur* weil er das Produkt kennt, er muß es auch kaufen wollen. Wahrnehmung und Lernen sind notwendige, nicht aber hinreichende Bedingungen für das (Kauf-) Verhalten.

In den folgenden zwei Kapiteln müssen wir nun herausfinden, warum ein Mensch sich einer ganz bestimmten Handlung zuwendet. Warum kauft beispielsweise ein Geschäftsmann, der die Automarken Ford und BMW kennt und das Wissen über die Vor- und Nachteile der jeweiligen Marken gelernt hat, ausgerechnet einen - sagen wir - BMW und keinen Ford. Die Psychologie versucht die Beweggründe für das Handeln mit den theoretischen Konzepten der Einstellung und Motivation zu erhellen. Die Konzepte Einstellung und Motivation sind übrigens nicht strikt von einander zu trennen. Viele Autoren sehen Einstellung als einen Teilbereich der Motivation an.[66]

Wir werden mit der Motivation beginnen, weil die Kenntnis des Themas Motivation das Verständnis des Einstellungskonzeptes erleichtert. Denn neben den objektiven Produkteigenschaften beeinflussen vor allem die nun zu diskutierenden Konsummotive die individuellen Einstellungen zu dem jeweiligen Produkt (welche letztlich gleichzusetzen sind mit dem "Image" des Produktes). Wenn wir handeln, benötigen wir dazu nicht nur Wissen, etwa die Kenntnis eines zu kaufenden Produktes, sondern wir müssen auch den Willen haben, die Handlung tatsächlich durchzuführen

---

[66] Vgl. Vroom (1964), Heckhausen (1989) und als Überblick von Rosenstiel (1992), s. 215ff und 361ff.

und die dafür notwendige Energie aufzubringen. Motivation beschäftigt sich mit damit, wie so etwas wie Wollen entsteht und wie der Wille umgesetzt wird.
Kehren wir zu unserem Geschäftsmann zurück, der sich einen BMW zugelegt hat. Wir fragen ihn, warum er ausgerechnet einen BMW haben wollte, obwohl man im viel billigeren Ford objektiv genauso gut von A nach B fahren kann. Er könnte z. B. antworten: "Ja ja, der Ford ist ein gutes Auto, aber mit dem BMW mache ich einfach einen besseren Eindruck, nicht nur bei meinen Bekannten, sondern auch bei meinen Geschäftspartnern." Damit hat er ein Motiv angegeben, nennen wir es "Prestige". Dieses Motiv lag seiner Kaufhandlung zugrunde. Man kann davon ausgehen, daß "einen guten Eindruck machen" unserem Gesprächspartner wichtig ist. Dies gilt nicht nur beim Autokauf, sondern allgemein dürfte "Prestige" eine wichtige Rolle in seinem Leben spielen. Damit haben wir den ersten wichtigen Begriff:

- "Motive" (oder "Antriebe" oder "Werthaltungen") sind überdauernde Persönlichkeitsmerkmale. Sie existieren losgelöst von der konkreten Lebenssituation, sind eher allgemeiner Natur und sind für die Person wertvoll.

Vielleicht haben wir den BMW-Fahrer gerade während seiner Mittagspause interviewt, als er im Stehimbiss eine Currywurst zu sich nahm. Warum er die Wurst ißt? "Na, ist doch klar, weil ich Hunger habe!" Bei der Wahl seines Mittagessens hat sein Prestigemotiv offenbar überhaupt keine Rolle gespielt. In der Situation "Mittagspause" dominieren also andere Motive als in der Situation "Autokauf". Damit haben wir die zweite wichtige Determinante, die aus Motiven Motivation werden läßt:

- In einer Situation werden spezifische Anreize von der Person wahrgenommen, die bestimmte Motive erst aktivieren.

Motivation ist also das Ergebnis einer Interaktion von Person und Situation, in der die Person bestimmte Anreize wahrnimmt, die bestimmte Motive aktivieren. Diesen Zusammenhang illustriert Abbildung 34. Werbung kann ein Anreiz einer Situation sein, der

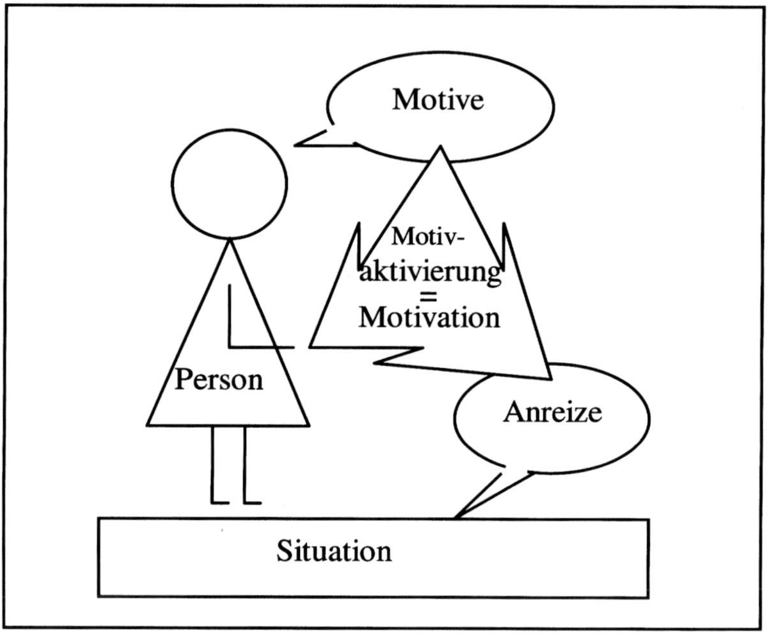


Abbildung 34: Motivation als Interaktion von Person und Situation

bestimmte Konsummotive aktivieren kann. Um das zu erreichen, muß folgendes geleistet werden:

1. Grundlage erfolgreicher Motivation durch Werbung ist die genaue Kenntnis der persönlichen Motive, die die fraglichen Konsumenten haben. Da unterschiedliche Menschen unterschiedliche Dinge für wichtig halten, ist es sinnvoll, (Ziel-) Gruppen von Personen mit ähnlicher Motivstruktur zu unterscheiden und differenziert zu behandeln.

2. Da sich nicht mit jedem Produkt jedes Motiv ansprechen läßt, ist auszuloten, welche Motive überhaupt eine Rolle beim Kauf des betrachteten Produktes spielen. Relevante Motive sind nicht nur solche, die bisher beim Kauf des fraglichen Produktes entscheidend waren, sondern auch Motive, die in Zukunft wichtig werden könnten.

3. Erst wenn die ersten beiden Schritte geleistet sind, kann Werbung daran gehen, gezielt kaufentscheidende Motive zu aktivieren. Werbung kann darüber hinaus auch dazu beitragen, neue Konsummotive an die potentiellen und tatsächlichen Kunden zu vermitteln.

Ein Beispiel aus diesem Bereich berichtet Yoell. Eine Motivuntersuchung ergab, daß Bonbons häufig als Selbstbelohnung für harte Arbeit gelutscht werden. Die Argumentation der Werbung wurde daraufhin von: "Herrliche Bonbons - jeder mag sie" in "Mach Dir die harte Arbeit leichter" umgewandelt. Eine Werbeerfolgskontrolle auf einem Testmarkt zeigte, daß sich der Marktanteil verdoppelt (von 17% auf 35%) hatte.[67]

In diesem Kapitel werden wir nach Wegen suchen, diese drei Schritte, die nicht immer in einer festgelegten Reihenfolge abgearbeitet werden müssen, konkret in der Werbekonzeption und -gestaltung umzusetzen.

## 6.1. Konsummotive

*Dieses Kapitel*
- beschäftigt sich damit, worin Motive bestehen,
- sucht nach typischen Konsummotiven,
- weist auf einen gesellschaftlichen Wandel von Motiven hin und diskutiert seine Bedeutung für die Werbung sowie
- plädiert dafür, Zielgruppen auch nach motivationalen Merkmalen zu strukturieren.

In der Praxis nicht nur der Werbung, sondern auch etwa in der Organisationsgestaltung und der Personalpolitik ist "Motivation" immer wieder ein zentrales Thema. "Wir müssen die Mitarbeiter richtig motivieren!" oder: "Wir müssen die geheimen Motive unserer Kunden genau treffen!" sind Forderungen, die in dieser und in abgewandelter Form immer wieder zu hören sind. "Motivation" ist zu einem Begriff in der Alltagssprache des Geschäftslebens geworden. Aber dennoch wird man das Gefühl nicht los, daß bei

[67] Vgl. Yoell (1954).

aller Gebräuchlichkeit dieses Begriffes eigentlich nie so ganz klar ist, was mit "Motivation" eigentlich ganz genau gemeint ist.

**Was sind Motive und woher kommen sie?**

Wir haben Motive als Dispositionen der Person gekennzeichnet, die zeitlich überdauernd sind und relativ losgelöst von konkreten Handlungen existieren. Was heißt das? Was genau Motive sind und was nicht, kann letztgültig leider nicht geklärt werden. Wir wollen uns zunächst dem Motivbegriff nähern und werden dabei feststellen, daß er ziemlich unscharf ist und wohl auch unscharf bleiben muß. Die theoretische Mehrdeutigkeit und Unschärfe des Motivkonzeptes muß jedoch seiner praktischen Verwendbarkeit keinen Abbruch tun; auch das werden wir sehen.

Um sich dem Motivbegriff zu nähern, ist es hilfreich, sich einmal nach anderen Begriffen im Umkreis umzusehen. Motive haben sicherlich etwas mit dem "menschlichen Willen" zu tun. Sie werden nicht selten mit dem Begriff "Werthaltungen" gleichgesetzt, und sie hängen wohl auch mit "Zielen" zusammen. Handlungsziele, wie etwa "Ich möchte innerhalb der nächsten fünf Minuten ein Eis essen" sind allerdings zu konkret, um als Motive zu gelten, da sie einen starken Situationsbezug haben. Als Motive wollen wir das auffassen, was gleichsam "hinter" diesen Zielen steht. In unserem Beispiel könnte das etwa "Genuß" sein.

So einfach ist die Lösung jedoch auch wieder nicht, denn man kann auch fragen, was wiederum "hinter" dem Wunsch nach "Genuß" steht. Warum ist jemand auf Genuß aus? Hinter dem Motiv "Genuß" steht vielleicht wiederum ein anderes Motiv, etwa "Freude" oder auch "Hunger". Man könnte nun sagen, wir nennen "Genuß" ein Motiv und das, worauf Motive beruhen, nennen wir "biologische Grundbedürfnisse" (z. B. Hunger) oder "Emotionen" (z. B. Freude).

Was aber ist mit einem Menschen, der in seinem Leben bewußt dem Genuß entsagt und so etwas wie "Askese" zuneigt? Wenn man nun "Askese" als ein Motiv definiert, was steckt hier dahinter? Ein biologisches Bedürfnis, eine Emotion oder vielleicht eine vernunftgeleitete Überlegung? Es ist durchaus vorstellbar, daß der Betreffende dieses Motiv bewußt und nach einiger Überlegung

gebildet hat. Besonders wahrgenommene Widersprüche und dauerhafte Mißstände können zur Bildung von übergeordneten Handlungsorientierungen beitragen. Auch solche Dinge wollen wir "Motive" nennen.
Es ist offenbar schwierig, hier Grenzen zu stecken. Dennoch wollen wir hier als einen ersten Zugang zum Thema "Motive" festhalten: Motive können auf

- biologischen Trieben,
- Emotionen und
- kognitiven Überlegungen beruhen.

In vielen Fällen dürften alle drei genannten Elemente zusammenspielen. Daß Emotion und Kognition zusammenspielen, haben wir ja bereits bei den Wahrnehmungs- und Lernprozessen gesehen. Wir werden im folgenden "Motiv" als einen Oberbegriff verwenden. Auch Tatbestände, die durch folgende Begriffe gekennzeichnet werden, sollen als Motive aufgefaßt werden:

- Bedürfnisse
- Werthaltungen
- globale Ziele ohne Handlungsbezug
- allgemeine Wünsche ohne konkreten Bezug

## Inhalt von Motiven

Es hat viele Versuche gegeben, menschliche Motive zu sammeln und zu klassifizieren. Beispiele von Listen von Grundbedürfnissen sind in Abbildung 35 zusammengestellt.[68] Die Motivlisten lassen sich auch spezifizieren in Motive, die für den Konsum

| **McDougall (1908)** | **Murray (1938)** | | **Maslow (1954, 1968)** |
|---|---|---|---|
| Flucht | Leistung | Überlegenheit | Physiologische Bedürfnisse |
| Abwehr | Anschluß | Schmerzvermeidung | Sicherheit |
| Kampf | Auffallen | Mißerfolgsmeidung | Liebe/Zugehörigkeit |
| Neugier | Empfindsamkeit | Ordnung | Anerkennung/Leistung |
| Elterliche Pflege | Unterordnung | Spielen | Selbstverwirklichung |
| Selbsterhaltung | Aggression | Zurückweisung | Transzendenz |
| Selbsterniedrigung | Selbständigkeit | Gewährung von Hilfe | |
| | Gegenwehr | Annahme von Hilfe | |
| | Verteidigung | Erotik und Sexualität | |
| | Ehrerbietung | Verständnis | |

Abbildung 35: Grundbedürfnisse nach Ansicht verschiedener Autoren

[68] Vgl. dazu die Ausführungen in Schönpflug/Schönpflug (1989).

besonders bedeutsam sein könnten. Ein Beispiel dafür gibt Abbildung 36, die auf einer Auswahl von Motiven bei Kroeber-Riel beruht.
Betrachtet man diese Listen, erscheinen sie doch einigermaßen willkürlich. Es fällt nicht schwer, sich weitere Motive auszudenken, die mit gleichem Recht eine eigene Liste bilden könnten.

| Biologisch begründete Konsummotive: | Emotional begründete Konsummotive: | |
|---|---|---|
| Hunger | Prestige | Erfolg |
| Durst | Geselligkeit | Überlegenheit |
| Sexualität | Geborgenheit | Jugendlichkeit |
| | Natürlichkeit | Sicherheit |
| | Abwechslung | |

Abbildung 36: Auswahl von Motiven, die für den Konsum besonders bedeutsam sind (nach Kroeber-Riel, 1992, S. 137 und S. 148)

Vor diesem Hintergrund sind Ansätze entwickelt worden, die Auswahl, Herkunft und Zusammenhang der Motivinhalte theoretisch begründen. Maslow, der auch in Abbildung 35 genannt wird, stellt seine sechs Bedürfnisse in einen hierarchischen Zusammenhang. Ein in der "Bedürfnispyramide" höheres Bedürfnis wird tendenziell dann wirksam, wenn die jeweils niedrigeren Bedürfnisse befriedigt worden sind.[69] Alle Motive gehen in dieser Theorie letztlich auf diese sechs Grundbedürfnisse zurück. Die Theorie Maslows ist in der Praxis noch heute sehr verbreitet. Einen noch radikaleren Ansatz vertrat (zumindest zeitweise) Freud, der alle menschlichen Motive auf nur einen einzigen Trieb, nämlich den Sexualtrieb zurückführte. Die "Libido" stellt gleichsam die Energie bereit, die in die verschiedensten Verhaltensbereiche umgelenkt wird.[70] Über die Herkunft und Zusammenhänge der Motive lassen sich also verschiedene Theorien bilden.
Letztlich "kranken" aber alle Theorien, die Motive inhaltlich zu bestimmen suchen, daran, daß die individuellen Werthaltungen zu verschieden sind, als daß man sie durch wenige Grundbedürfnisse erklären könnte. In neuerer Zeit wird daher in der

[69] Vgl. Maslow (1954). Vorsicht: Die Darstellung ist hier sehr verkürzend und damit notwendigerweise auch ein wenig "schief".
[70] Vgl. Freud (1905).

Psychologie zunehmend dazu übergegangen, die inhaltliche Bestimmung der Motive offen zu lassen. Die Theorie stellt dann nur ein Modell bereit, das die Funktionsweise des Prozesses der Motivaktivierung beschreibt. Um diese "Prozeßtheorien" inhaltlich zu füllen, muß empirisch erhoben werden, welche Motive den jeweils betrachteten Personen wichtig sind.

**Gesellschaftlicher Wandel der Motive**

Es gibt viele Studien, die empirisch erheben, welche Motive bzw. Werthaltungen in der Gesellschaft vorherrschen.[71] Bedeutsam für unseren Zusammenhang ist, daß die Werthaltungen der Menschen offenbar nicht völlig starr sind, sondern sich langsam wandeln. In der Bundesrepublik kann ein Wertewandel beobachtet werden, der ca. Mitte der sechziger Jahre einsetzte. Inhaltlich bewegen sich dabei die Werthaltungen von eher "materiellen" Werten wie Versorgung und Sicherheit hin zu eher "postmateriellen" Werten wie Selbstverwirklichung und Verbesserung der sozialen Beziehungen.[72] Mit einer gewissen zeitlichen Verschiebung scheinen ähnliche Tendenzen auch in anderen Industrieländern auszumachen zu sein.[73] Etwas detaillierter können folgende Trends ausgemacht werden:

- "Säkularisierung aller Lebensbereiche
- Betonung eigener Selbstentfaltung
- Gleichstellung und Emanzipation der Frauen
- Ablösung der Sexualität von überkommenen gesellschaftlichen Normen
- abnehmende Bereitschaft zur Unterordnung
- sinkende Bedeutung der Arbeit als einer Pflicht
- Höherbewertung von Freizeit
- Hochschätzung unzerstörter Natur
- Bewahrung der eigenen körperlichen Gesundheit."

(von Rosenstiel et al. 1989, S. 9)

---

[71] Vgl. Kmieciak (1976); Strümpel (1977); Noelle-Neumann (1978); Klages/Kmieciak (1979); Noelle-Neumann/Strümpel (1984); Klages (1984); von Klipstein/Strümpel (1985); von Rosenstiel/Stengel (1987).

[72] Vgl. zu dieser Interpretation des Wertewandels, die sich übrigens auf die Bedürfnispyramide Masolws stützt, Inglehard (1977).

[73] Vgl. von Rosenstiel (1992), S. 375 und die dort angegebene Literatur.

Wir können davon ausgehen, daß dieser Wertewandel Auswirkungen auf das Konsumentenverhalten hat. Auf den Konsum bezogen leitet Kroeber-Riel drei Haupttrends aus den Forschungen zum Wertewandel ab:

- "Erlebnis- und Genußorientierung,
- Gesundheits- und Umweltbewußtsein,
- Betonung der Freizeit."

(Kroeber-Riel 1993, S. 26)

Das Marketing und insbesondere die Werbung muß sich diesem Wandel in den Motiven der Konsumenten stellen. Kroeber-Riel plädiert daher für eine erlebnisorientierte Werbung, die ja bereits vorgestellt wurde. Letztlich aber sind diese Betrachtungen zu global, um daraus Schlüsse für die Gestaltung einzelner Werbemaßnahmen abzuleiten. Für die Werbung ist es nämlich weniger wichtig, welche Motivstrukturen allgemein in der Gesellschaft vorherrschen, sondern sie muß sich auf die Motive konzentrieren, die bei ihren spezifischen Kunden begründen, warum sie das betreffende Produkt kaufen oder eben auch nicht kaufen.

**Zielgruppenbildung nach Motivstrukturen**

Üblicherweise werden bei der Definition von Zielgruppen demographische (Alter, Geschlecht), soziographische (Familienstand, Haushaltsgröße, Schicht), ökonomische (Einkommen, Vermögen) und geographische (Stadt, Land) Kriterien angelegt. Diese Kriterien haben den Vorteil, daß sie leicht zu erfassen sind.

Ihr Nachteil ist jedoch, daß sie nur indirekt mit dem Konsumverhalten zusammenhängen. Nicht das Alter oder die soziale Schicht entscheiden über den Kauf eines Produktes, sondern die einzelne Person auf Basis ihrer individuellen Wünsche. Die individuellen Wünsche von Personen einer bestimmten sozialen Schicht (und/oder eines bestimmten Alters etc.) allerdings ähneln sich häufig. Das ist die Rechtfertigung für das Heranziehen von demographischen, soziographischen und anderen indirekten Kriterien für die Zielgruppenbildung.

Die Wünsche (oder man könnte auch sagen: Motivstrukturen) einer bestimmten gesellschaftlichen Gruppe ähneln sich jedoch

nur begrenzt. Zielgruppen, die nach indirekten Kriterien gebildet werden, haben demzufolge auch nur eine begrenzte Vorhersagekraft für das Konsumverhalten. Es ist deshalb sinnvoll und auch in der Praxis gebräuchlich, Motive als Kriterien für die Bildung von Zielgruppen heranzuziehen. Im Ergebnis sehen solche direkt gebildeten Zielgruppen dann so aus, daß sie jeweils Personen mit ähnlichen Motivstrukturen zusammenfassen. Oftmals wird es auch hilfreich sein, Zielgruppen aus einer Kombination von motivationalen, demographischen, sozialen, ökonomischen und/oder geographischen Kriterien zu bilden.
Ein Beispiel für eine Zielgruppenbildung bei Zahnpastakunden ist in Abbildung 37 dargestellt. Hier werden verschiedene Kriterien kombiniert. Die Motive haben wir fett hervorgehoben.

| Zielgruppe➔<br>Kriterien🡻 | Die Sensorischen | Die Sozialen | Die Ängstlichen | Die Unabhängigen |
|---|---|---|---|---|
| Wichtigste Nutzenerwartung | Geschmack, Produktaufmachung | weiße, strahlende Zähne | Verhütung von Zahnverfall | Preis |
| Soziographische Merkmale | Kinder | Teenager, Jugendliche | große Familien | Männer |
| Besondere Verhaltensweisen | lieben Zahnpasta mit Pfefferminze | Raucher | Intensivverwender | Intensivverwender |
| **Dominierende Motive** | **Beschäftigung mit sich selbst** | **Kontaktfreude, aufgeschlossen** | **leicht hypochondrisch** | **Selbständigkeit, Autonomie** |
| Einstellung zur Lebensführung | hedonistisch | aktiv | konservativ | wertorientiert |
| Bevorzugte Marken | Colgate, Stripe | Macleans, Plus, White, Ultra Brite | Crest | Sonderangebote |

Abbildung 37: Zielgruppenauswahl im Zahnpastamarkt
(nach Haley 1968, S. 33)[74]

Man kann bei der Zielgruppenbildung nicht alle denkbaren Motive gleichzeitig betrachten. Welche Auswahl an Motiven wir treffen, anhand derer Zielgruppen gebildet werden können, hängt daher davon ab, welche Motive überhaupt für das betrachtete Produkt relevant sind. Welche Motive von einem Produkt aktiviert werden können, läßt sich analysieren. Wie das geht, wollen wir im nächsten Kapitel herausfinden.

[74] Verändert übernommen aus Meffert (1977), S. 223.

## 6.2. Produktspezifisch bedeutsame Motive

*Dieses Kapitel*
- plädiert für eine Analyse der potentiell ansprechbaren Motive durch ein spezifisches Produkt und
- stellt das Konzept des Zusatznutzens als ein Analyseraster dafür vor.

Wir haben im letzten Kapitel gesehen, daß Menschen eine ganze Reihe von Motiven haben, die als abstrakte Wertvorstellungen nicht unbedingt in Handlungen umgesetzt werden. Vielmehr ist es denkbar, daß einzelne Motive nie handlungswirksam werden, weil sich nie eine Situation ergibt, in der diese Motive aktiviert werden können. Dies sei an einem kurzen Beispiel noch einmal verdeutlicht:

Viele Menschen halten beispielsweise "Umweltschutz" für ein wichtiges Motiv in ihrem Leben. Genau dieselben Menschen sind es aber auch, die mit dem Auto zur Arbeit fahren, sich jedes Jahr neue Kleider kaufen, obwohl die alten noch tragbar wären etc. Offenbar gibt es Situationen, in denen das Motiv "Umweltschutz" nicht handlungswirksam wird. Dies kann daran liegen, daß die Umstände eine Umsetzung verhindern (etwa kein Anschluß an das öffentliche Nahverkehrsnetz) oder daran, daß andere Motive in der konkreten Situation vorgezogen werden (Mode vor Abfallvermeidung). Auch andere Gründe sind denkbar.
Hier ist es wichtig, für uns festzuhalten, daß nicht in jeder Situation immer alle menschlichen Motive auf einmal aktiviert werden. Umgekehrt heißt dies für die Werbung: Ein Produkt (als situativer Reiz) aktiviert ganz bestimmte Motive. Die Werbung sollte so gestaltet werden, daß sie genau die Motive anspricht, die bei der Nutzung des entsprechenden Produktes aktiviert sind.
Die Vorstellung, man könne beliebige Erlebniswelten durch Konditionierung an das Produkt binden, und diese Erlebnisse würden dann den Kauf des Produktes bewirken, haben wir bereits oben abgelehnt.

**Welche Motive kommen für ein Produkt in Frage?**

Um in der Werbebotschaft die für das Produkt relevanten Motive anzusprechen, müssen wir zunächst einmal herausfinden, welche Motive überhaupt für das jeweilige Produkt in Frage kommen. Ein einfacher und dabei sehr wirkungsvoller Ansatz besteht darin, die tatsächlichen Kunden unseres Produktes nach den Gründen zu fragen, weshalb sie das Produkt nutzen.

Ein ähnlicher Weg besteht darin, nach Erlebnissen zu fragen, die das Produkt vermittelt. Dies wurde z. B. in einer Untersuchung von Gruner und Jahr (1979) gemacht.[75] Den Befragten (4183 Frauen) wurden Statements mit möglichen Erlebnissen beim Lesen bestimmter Zeitschriften vorgelegt, für die sie angeben sollten, ob sie diese Erlebnisse beim Lesen der betreffenden Zeitschrift haben. Die Ergebnisse (die Statements wurden mit Hilfe eines statistischen Verfahrens zu sechs Motiven zusammengefaßt) sind in Abbildung 38 dargestellt.

| | Aktivierte Motive beim Lesen von (Anz. Nennungen in %) | | |
|---|---|---|---|
| Motive | Bunte | Spiegel | Schöner Wohnen |
| Problembewußtsein | 21 | 10 | 6 |
| Unterhaltung | **77** | 29 | **34** |
| Politische Information | 20 | **74** | 0 |
| Ablenkung | 45 | 8 | 18 |
| Selbstbestätigung | 30 | 25 | **38** |
| Anregung | 16 | 1 | 20 |

Abbildung 38: Motive zur Nutzung bestimmter Produkte (hier Zeitschriften) (Quelle: Brigitte/Gruner und Jahr 1979, S. 187)[76]

Man erkennt an den Ergebnissen in Abbildung 38 zweierlei:

- Es sind für den Konsum eines Produktes in der Regel verschiedene Motive gleichzeitig verantwortlich. Dabei spielen jedoch einzelne Motive eine besonders wichtige Rolle (in der Abbildung fett hervorgehoben). Diese Hauptmotive sollten durch die Werbung besonders angesprochen werden.
- Das gleiche Motiv kann beim Konsum verschiedener Produkte eine Rolle spielen. Auch dies kann sich Werbung zunutze machen, etwa indem sie gleiche Erlebnisse für verschiedene Produkte nutzbar macht (Imagetransfer).

[75] Vgl. Kroeber-Riel (1992), S. 148f.

[76] Entnommen aus: Kroeber-Riel (1992), S. 149.

**Analyseraster: Grundnutzen und Zusatznutzen**

Die Analyse der Kaufmotive der bisherigen Kunden fördert ausgesprochen wertvolle Information zutage. Sie ist unbedingt zu erstellen, läßt jedoch wichtige Fragen offen, die durch zusätzliche Analysen zu klären sind. Die wohl wichtigste offene Frage dabei lautet: Welche Motive könnten in *Zukunft* für unsere "Stammkunden" und für neu hinzugewonnene Kunden kaufentscheidend werden?

Als Suchschema für Antworten auf diese Frage ist das Konzept von Nutzen und Zusatznutzen.[77] Der Nutzen eines Produktes kann in unserem Kontext interpretiert werden als das Ausmaß, in dem das Produkt bestimmte Motive befriedigen kann. Für jeden Ast des in Abbildung  abgebildeten "Bäumchens" ist zu fragen,

- ob das Produkt geeignet ist, einen Nutzen in der angesprochenen Art zu stiften und
- welcher Art der Nutzen im einzelnen ist, d. h. welche Motive genau angesprochen werden oder werden könnten.

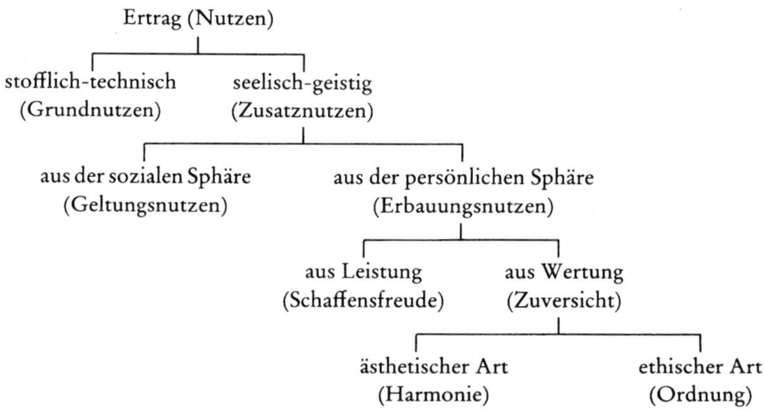


Abbildung 39: Suchhilfe zur Bestimmung möglicher Nutzenarten eines Produktes (entnommen aus: von Rosenstiel/Neumann 1991, S. 159)

Ein Vorteil dieser Vorgehensweise ist, daß ein hoher Produktbezug gesichert wird. Auf diese Weise wird vermieden, daß in der

[77] Vgl. Vershofen (1940), der schon früh deutlich machte, daß ein Produkt für den Verwender oft mehr bedeutet als die Erfüllung eines technisch-stofflichen Nutzens.

Werbung losgelöste Erlebnisse generiert werden, die zwar allgemein wichtige Motive aktivieren, nicht aber die spezifisch wirksamen Kaufmotive.

**Wandel des Produktnutzens**

Wenn man bei der Definition von Produktnutzen nicht von den objektiven Produkteigenschaften, sondern von den Motiven der Konsumenten ausgeht, zeigt sich auch, daß der Nutzen relativ und zeitlich instabil ist. Ob ein Produkt, das heute noch einen hohen Kundennutzen hat, morgen "unnütz" wird oder nicht, hängt davon ab,

- ob sich die Motivstrukturen der relevanten Konsumenten ändern, etwa durch einen Wertewandel,
- ob gleichwertige Konkurrenzprodukte auftreten, die den Nutzen in der Wahrnehmung der Konsumenten zu einer Selbstverständlichkeit machen und
- ob sich äußere Bedingungen ändern, die die Fähigkeit des Produktes beeinträchtigen, die bisherigen Motive zu befriedigen.

Beispielhaft lassen sich diese Zusammenhänge an der (hier reichlich idealisiert dargestellten) Entwicklung eines Weichspülers (Lenor) in Abbildung 40 zeigen. Besonders interessant an diesem Produkt ist, daß es bei einer rein technischen Betrachtung eigentlich überhaupt keinen Nutzen hat, da es die Wäsche weder reinigt noch pflegt. Vielmehr sorgt es für eine Parfümierung der Wäsche und ein Gefühl der Weichheit. Der Weichspüler muß zusätzlich zum Waschmittel zugegeben werden. Den für die Familienwäsche zuständigen Hausfrauen wurde dieser Zusatz-

| Zeit | Werthaltungen der Verbraucher | Situation | | Kommunizierter Nutzen | |
|---|---|---|---|---|---|
| | | Konkurrenz-angebote | Äußere Bedingungen | Grund-nutzen | Zusatznut-zen (u.a.) |
| ab 1963 | traditionelle Werte) | keine Konkurrenz (Lenor alleine) | | spült weich | |
| ab 1967 | | Einführung Kuschelweich | (Dominanz der Weißwäsche) | weich + | weiß |
| 70'ger | | Vernell mit Duftpflanzen | Buntwäsche | weich + | aprilfrisch |
| 80'ger | Öko-Trend | | Konzentrate | weich + | konzentriert |
| 90'ger | Pluralismus | | | weich + | verschiedene Düfte |

Abbildung 40: Entwicklung von kommuniziertem Nutzen und Zusatznutzen (in Anlehnung an Meier, 1993)

aufwand anfangs so kommuniziert, daß sie auf diese Weise ihre besondere Sorgfalt und Fürsorge unter Beweis stellen. Vor dem Hintergrund einer gewissen Emanzipation wurde die Aktivierung dieses Motivs später aufgegeben.
Die objektiven Eigenschaften des Produktes "Lenor" haben sich kaum geändert. Dennoch war es notwendig, die werbliche Kommunikation des Produktnutzens zu ändern, denn auch die Erwartungen und Wahrnehmungen der Konsumenten haben sich im Laufe der Zeit geändert. Besonders zu beachten ist auch, daß der Zusatznutzen unter anderem die Funktion erfüllt, das eigene Produkt gegen die technisch oft gleichwertigen Konkurrenzprodukte zu differenzieren.

## 6.3. Aktivierung von Konsummotiven

*Dieses Kapitel*
- beschreibt den Prozeß der Motivaktivierung als Zusammenspiel von Motivstärke und wahrgenommener Instrumentalität sowie Erwartung und
- zeigt Ansätze zur Erhöhung der Motivstärke, zur Darstellung der Instrumentalität und zur Sicherung der Erwartung als Methoden zur Erhöhung der Kaufmotivation.

Wir haben uns bisher mit Konsummotiven beschäftigt und herausgefunden, daß wir zunächst empirisch erheben müssen, welche spezifischen Motive für unser Produkt in Frage kommen und welche Motive unsere Zielgruppe kennzeichnen. Von dieser Basis aus können wir uns nun überlegen, wie wir diese Motive aktivieren können. Als erstes wollen wir uns dazu den Prozeß der Motivaktivierung einmal genauer anschauen.

**Wann Motive handlungswirksam werden: "VIE-Theorie"**
Motive haben wir als abstrakte Orientierungen gekennzeichnet, die erst durch bestimmte situative Anreize aktiviert werden müssen. Eine Theorie, die den Prozeß der Motivaktivierung be-

schreibt, ist die "VIE-Theorie"[78]. Sie hat - vereinfacht gesprochen - drei Elemente:

1. V ("valence") ist die allgemeine Wertigkeit eines Motivs. (Beispiel: Das Prestigemotiv ist einer Person wichtiger als das Motiv der Bescheidenheit).
2. I ("instrumentality") ist die Instrumentalität einer Handlung für das (oder die) übergeordnete(n) Motiv(e). Eine Handlung ist instrumentell, wenn sie geeignet ist, das Motiv zu befriedigen. (Beispiel: Kauf eines teuren Sportwagens kann den Wunsch nach Prestige gut erfüllen. Der Kauf eines ebenso teuren, aber unauffälligen Wagens wäre weniger instrumentell.)
3. E ("expectancy") ist die Wahrscheinlichkeit, die intendierte Handlung auch tatsächlich ausführen zu können. Dies bezieht sich nicht nur auf die Wahrscheinlichkeit, den Kauf selbst durchführen zu können, welches in der Regel relativ leicht möglich ist, sondern auch auf die Wahrscheinlichkeit, beim Produktgebrauch den intendierten Nutzen tatsächlich zu erzielen. (Beispiel: Wenn die Wahrscheinlichkeit hoch ist, daß der auffällige Sportwagen bald gestohlen wird, ist es entsprechend unwahrscheinlich, dauerhaft mit dem Auto Eindruck machen zu können.)

Die Motivation für eine Handlung ist dann besonders hoch, wenn alle drei Elemente - Valenz, Instrumentalität und Erfolgserwartung - gleichzeitig hoch eingeschätzt werden.[79] Für die Werbung ergeben sich daraus drei Konsequenzen: Sie sollte kommunizieren, daß

(V) Motive, die durch Konsum des jeweiligen Produktes befriedigt werden, besonders hoch zu bewerten sind,
(I) der Konsum des Produktes instrumentell für ein hoch bewertetes Motiv ist,
(E) die Verwendung des Produktes auch mit Sicherheit so gelingen wird, daß das gewünschte Ziel erreicht wird.

---

[78] Vgl. Vroom (1964) und die Darstellung in von Rosenstiel (1992), S. 379ff.

[79] Vroom geht in seinem Modell der VIE-Theorie von einer multiplikativen Verknüpfung aus, d. h. die Motivationsstärke ergibt sich aus dem Produkt von V*I*E.

Diesen drei Ansatzpunkten wollen wir uns nun etwas genauer zuwenden.

**Konsummotive in ihrer Wertigkeit stärken (V)**

Eine Werbung, die hauptsächlich ein Motiv bei den Adressaten verankern will, stellt Abbildung 41 dar. In der dargestellten Anzeige wird dafür geworben, dem Motiv "Sicherheit", spezifiziert auf "Vorsorge für den Pflegefall", größere Wertigkeit beizumessen. Der gesellschaftliche Wandel in den Werthaltungen zeigt, daß Motive nicht vorgegeben sind, sondern zumindest zum Teil gelernt werden. Das Marketing macht sich dies zunutze, indem es konsumnahe Motive verstärkt. Hier setzt, wie wir im dritten Kapitel besprochen haben, eine wichtige gesellschaftliche Kritik an der Werbung an, weil sie einseitig Konsummotive fördert und damit andere, gesellschaftlich hoch einzuschätzende Werte gleichsam "verdrängt".

Auch aus Anbietersicht ist eine Konzentration der Werbeaussage auf die Vermittlung eines Motivs kritisch zu betrachten. Da Konsummotive allgemeiner Art sind, wirkt sich eine Verstärkung eines Motivs nur zum Teil auf das eigene Produkt aus. Gleichzeitig wird nämlich immer auch "Werbung für andere" gemacht. Außerdem sind Motive allein relativ handlungsfern und lassen sich auch nur eher langsam wandeln. Eine Werbung, die in erster Linie abstrakte Konsummotive verstärkt, ist also nicht immer sinnvoll. Sie erscheint lohnend, wenn folgende Bedingungen gegeben sind:

- Das beworbene Motiv ist bei den Adressaten *entwicklungsfähig*. Dies gilt vor allem für Motive oder daraus abgeleitete allgemeine Ziele, die auf kognitiven Überlegungen beruhen. Biologisch und auch emotional begründete Motive sind tendenziell weniger "ausbaufähig". Kognitiv begründete Motive, über deren Wertigkeit die Empfänger eine feste Meinung haben (sei es Zustimmung oder Ablehnung), lassen sich durch Werbung auch kaum fördern. Relativ "neue" Motivinhalte eignen sich tendenziell besser. Auch für Motive, die eigentlich stark sind, aber durch Tabus in ihrer Wertigkeit herabgesetzt werden, besteht eine gewisse Chance, sie langfristig zu entfalten.

Abbildung 41: Erhöhung der Wertigkeit eines Konsummotivs ▶

# WER DENKT DENN SCHON AN PFLEGE?

Viele Menschen tanzen bis ins hohe Alter durchs Leben, ohne ernsthaft zu erkranken. Aber wer kann wissen, was der nächste Schritt mit sich bringt? Falls einmal dauerhafte Pflege notwendig wird, ist ein Partner gefragt, auf den man sich verlassen kann. Denn die Pflegebedürftigkeit birgt hohe finanzielle Risiken – ob im Alter oder in jüngeren Jahren.

Die Pflegepflichtversicherung erstattet ab April 1995 Kosten für die Betreuung durch eine Pflegefachkraft oder zahlt Pflegegeld bei häuslicher Pflege durch Verwandte oder Bekannte.

Ab Juli 1996 werden Leistungen für die Pflege in Heimen gewährt. Die Beiträge enthalten Rückstellungen für das steigende Pflegerisiko im Alter. So sind Privatversicherte vor den Folgen der fortschreitenden Überalterung unserer Bevölkerung geschützt. Da die Pflegepflichtversicherung nicht alle Kosten deckt, ist der Schutz einer privaten Pflege-zusatzversicherung sehr sinnvoll.

Weitere Informationen erhalten Sie vom Verband der privaten Krankenversicherung e.V., Postfach 51 10 40, 50946 Köln.

**DIE PRIVATEN**®
**KRANKENVERSICHERUNGEN**

® Krankenversicherungsschutz mit deutschem Qualitätsstandard

- Den Adressaten ist klar, wie sie das bei ihnen geförderte Motiv in eine *Handlung* umsetzen (nämlich indem sie das entsprechende Produkt kaufen). Ist dies nicht klar, muß es die Werbung (zusätzlich) klar machen.
- Die *Streuverluste* sind gering. Dies ist der Fall, wenn die Werbung nicht einem bestimmten Produkt, sondern einer ganzen Reihe von Produkten nutzen soll, die auf Basis des beworbenen Motivs gekauft werden können. (In Abbildung 41 wird für die Gesamtheit aller privaten Krankenversicherer geworben.) Die Streuverluste sind auch gering, wenn das zugehörige Produkt bei den Adressaten als das einzige oder am besten geeignete Produkt gilt, das in der Lage ist, das verstärkte Motiv zu befriedigen.

Für die konkrete Umsetzung einer Werbemaßnahme können aus unseren Überlegungen folgende Punkte abgeleitet werden, die nicht als allgemeingültige Regeln gelten dürfen, sondern eher Anregungen sind:

- Es ist leichter, auf vorhandenen Motiven aufzubauen und diese in Richtung auf das Produkt zu spezifizieren. (In Abbildung 41 wird das Motiv "Sicherheit" als Motiv "Vorsorge für den Pflegefall" spezifiziert.)
- Die Begründung für das Motiv sollte den Adressaten klar sein oder klar gemacht werden. Die "Begründung" muß dabei nicht unbedingt logisch sein, sondern kann und sollte auch emotional sein. (Vgl. dazu die Überlegungen zum Lernen in Kapitel 5.)
- Der Versuch, die individuellen Motive zu beeinflussen, ist ein Eingriff in die Persönlichkeitssphäre der betroffenen Person. Dadurch fühlt sich der einzelne schnell von der Werbung bedrängt und baut Widerstände gegen die Beeinflussungsversuche auf. (Vgl. dazu die Überlegungen zur Reaktanz in Kapitel 7.3..)

**Darstellung der Instrumentalität (I)**

Die wohl häufigste Form der Werbung, die auf Erkenntnisse der Motivationstheorie zurückgreift, besteht darin, ein bestimmtes Motiv zu aktivieren und darzustellen, daß das beworbene Produkt instrumentell für dieses Motiv ist. Abbildung 42 zeigt eine

Anzeige, in der es wie im Beispiel der Abbildung 41 um das Sicherheitsmotiv geht. Die Zeichnung und Überschrift auf der linken Seite soll das Sicherheitsmotiv aktivieren, die rechte Seite und der begleitende Text stellen dar, daß das beworbene Produkt instrumentell für das Sicherheitsbedürfnis in Form von Altersvorsorge ist.

In der Beispielanzeige wird die Instrumentalität vergleichsweise sachlich dargestellt und mehr oder weniger "logisch" im Text begründet. Dies muß nicht so sein. Aus unseren Überlegungen zur Konditionierung können wir ableiten, daß es für das Lernen der Instrumentalität ausreichen kann, wenn der motivaktivierende Reiz in einer erlebnismäßigen Nähe zum Produkt steht.

Für die werbliche Umsetzung der Motivaktivierung können folgende Empfehlungen gegeben werden:

- Es sollte auf Motive Bezug genommen werden, die in der Zielgruppe tatsächlich vorhanden sind und dort hoch eingeschätzt werden. Dazu muß man die Motivstrukturen der Zielgruppe zuvor analysiert haben.
- Das Produkt sollte wirklich und nicht nur in der Werbung instrumentell für die aktivierten Motive sein. Dabei kann die Werbung diese Instrumentalität allerdings mit aufbauen, man denke etwa an Erhöhung des Prestigewertes eines Produktes durch werbliche Maßnahmen.
- Motive können sowohl offen als auch verdeckt angesprochen werden. Vor allem sozial gering bewertete Motive wie Prestige, sexuelle Erotik, Habgier etc. sind problematisch (vgl. auch Abbildung 43). Eine bildliche statt textliche Darstellung und die Verwendung beschönigender Formulierungen können Abwehrmechanismen gegen diese Motive unterlaufen.
- Wenn für die Konsumenten wahrnehmbar verschiedene Produkte instrumentell für ein Motiv sind (den gleichen Nutzen haben), sollte die Werbung darstellen, welchen zusätzlichen, differenzierenden Nutzen das Produkt gegenüber der Konkurrenz hat. Auf diese Weise erklärt die Werbung, warum das eigene Produkt eine höhere Instrumentalität für die Motivstruktur der Zielgruppe hat als andere.

# Unterversorgt?

# DWS sorgt vor.

## Private Zukunftsvorsorge mit DWS Investmentfonds.

Die gesetzliche Rentenversicherung kann allenfalls eine Grundversorgung bilden. Immer weniger Beitragszahler müssen für immer mehr Rentner aufkommen. Insbesondere Besserverdienende und Selbständige sehen sich einer erheblichen Versorgungslücke gegenüber. Eigeninitiative bei der Zukunftsvorsorge ist somit heute wichtiger denn je.

Ein hervorragendes und bewährtes Instrument zur Sicherung Ihrer Zukunftsvorsorge sind die Investmentfonds der DWS. Sie beteiligen sich damit an einer professionell zusammengestellten Auswahl unterschiedlicher Wertpapiere. Und dies bei Wahrung Ihrer vollen Flexibilität.

Ob Sie dabei regelmäßige Einzahlungen bevorzugen oder gleich mit einer größeren Summe einsteigen, bleibt allein Ihnen überlassen. So konnte zum Beispiel ein Anleger, der 20 Jahre lang 250,– DM pro Monat, insgesamt also 60.000,– DM, in unserem deutschen Aktienfonds Investa angelegt hat, sein Vermögen bis heute etwa verdreifachen. Zwar erlaubt die bisherige Wertentwicklung keine Prognose für die Zukunft, aber ein Qualitätsbeweis für unser Fondsmanagement ist sie allemal. Sie möchten mehr wissen? Ausführliches Informationsmaterial für Ihre individuelle Vorsorgeplanung können Sie per Coupon anfordern. Die Verkaufsprospekte, allein verbindliche Grundlage für den Erwerb unserer Fonds, bekommen Sie bei den Anlageberatern unserer Gesellschafterbanken, z.B. der Deutschen Bank, oder direkt von uns: DWS, Postfach 10 06 20, 60006 Frankfurt.

Informationen über „Private Zukunftsvorsorge" können Sie rund um die Uhr anfordern.
Per Tel.: 020-399 55 370
Per Fax: 020-399 55 371

Name: ______________________

Vorname: ______________________

Straße: ______________________

PLZ/Ort: ______________________

Telefon: ______________________

DWS Investmentfonds
Investmentgruppe Deutsche Bank

◀ Abbildung 42: Motivation durch Aktivierung eines Konsummotivs und Darstellung der Instrumentalität des Produktes

Abbildung 43 stellt zwei Beispiele für eine offene und eine eher verdeckte Aktivierung eines sozial ambivalent beurteilten Motives dar: Sein Geld zu vermehren ist auf der einen Seite durchaus anerkannt, besonders wenn es durch "harte Arbeit" verdient wird. Auf der anderen Seite aber werden finanziell erfolgreiche Menschen auch mit einem gewissen Argwohn betrachtet. Insbesondere Zinseinkünfte werden oft als ungerecht empfunden, werden sie doch aus dem Schuldendienst anderer - "hart arbeitender", evt. sogar benachteiligter - Menschen gespeist.

Die beiden abgebildeten Anzeigen spiegeln diese Ambivalenz recht gut wider. Die Anzeige der Sparkasse versucht ganz deutlich, den Ruch der "Bereicherung" zu vermeiden, indem sie sich vordergründig an Personen wendet, die ihr Geld durch seriöse und harte Arbeit verdienen (wie etwa der abgebildete Manager). Zudem wird nicht offen kommuniziert, daß hier Geld zu verdienen ist, sondern diese Nachricht in einer Analogie über die Arbeit ein wenig verschleiert. Nachteil dieses Vorgehens: Die eher verschleierte Motivaktivierung verschleiert auch den Nutzen des beworbenen Instituts. Die Sparkasse erscheint als ein seriöses und wohl auch kompetentes Institut, aber nicht unbedingt als Institut, bei dem man eine besonders hohe Rendite erzielen kann.

Ganz anders die comdirect-Anzeige: Sie kommunziert direkt, daß man hier eine Menge Geld "machen" kann. Eine wohl nicht einmal geringe Anzahl von Menschen würden eine Bank, die sich so offen und ausschließlich über das Motiv des Mehr-Haben-Wollens definiert, nicht betreten. Wer möchte schon als jemand gelten, der vor allem eines will: Mehr Geld? Die hier werbende Bank braucht man jedoch gar nicht zu betreten, denn es handelt sich um eine Direktbank. Der Kunde kann seine Geschäfte anonym vom Telefon aus erledigen und kommt nicht in die Gefahr, bei seinen Geldgeschäften beobachtet zu werden.

Abbildung 43: Offene und eher verdeckte Aktivierung eines sozial ambivalent bewerteten Motivs

# Bei Anruf: Mehr Geld für Ihr Geld.

7 Tage in der Woche rund um die Uhr für Sie da:

# 0180-333 6 444

Suchen Sie eine Geldanlage mit hohen Zinsen oder täglicher Verfügbarkeit? Oder beides? Das comdirect Tagesgeldkonto bietet **bis zu 4% Zinsen* bei täglichem Zugriff** auf Ihr gesamtes Guthaben. Bei kostenloser Kontoführung. Schon ab 1.000 Mark. Lernen Sie eine Direktbank kennen, die sich durch einen umfassenden Service und hervorragende Konditionen auszeichnet. Am besten rufen Sie uns gleich an und bestellen Ihr persönliches Infopaket.

comdirect bank
Die Direktbank der Commerzbank

* Aktuelle Zinssätze p. a. jeweils für den Gesamtbetrag: 4% ab 50.000 Mark, 3,8% von 10.000 bis 50.000 Mark, 3,5% bis 10.000 Mark. Stand Juli 1995.

**FAX: 0180-5 33 64 55.**

Bitte schicken Sie mir mein persönliches Infopaket zum comdirect Tagesgeldkonto.

Herr ☐ Frau ☐

(Name, Vorname)

(Straße, Nr.)

(PLZ, Ort)

(Telefon)

comdirect bank, 25449 Quickborn SP 39/2509

**Sicheres Erreichen der Nutzenerwartung (E)**

Für die Kaufmotivation reicht es nicht immer aus, daß das Produkt geeignet ist, zur Befriedigung der Bedürfnisse der Kunden beizutragen. Dafür ist Abbildung 44 ein Beispiel. Es dürfte kein Zweifel bestehen, daß in der Zielgruppe der potentiellen Jaguarkunden Motive wie Eleganz, Sportlichkeit, Prestige, Dynamik, Komfort etc. eine große Rolle spielen. Es besteht auch kein Zweifel, daß ein Jaguar instrumental für diese Motive ist. Er ist tatsächlich für viele Fahrer von Konkurrenzmarken ein "Traumwagen", der diese Bedürfnisse besser erfüllt als die eher nüchternen Autos der Wettbewerber. Dennoch wird er nur von wenigen gekauft.

Ein wichtiger Grund dürfte sicherlich darin zu suchen sein, daß die *Wahrscheinlichkeit,* den Produktnutzen tatsächlich "genießen" zu können, bei vielen Kunden eher gering eingeschätzt wird. Die Handlung des Jaguarfahrens erfüllt zwar das Bedürfnis nach Eleganz, diese Handlung läßt sich aber nur selten durchführen, wenn das Auto reparaturanfällig ist und statt in der eigenen Garage in der Werkstatt steht. Diese Erwartung greift die Anzeige auf und versucht die wahrgenommene Erfolgswahrscheinlichkeit zu erhöhen, indem sie auf "Verstand" und eine 3-Jahres-Garantie verweist, und dazu auffordert, es einfach zu versuchen und die Handlung durchzuführen.

Interessant ist auch, daß die Anzeige nicht ein Motiv in Richtung "Zuverlässigkeit" aktiviert. Auf diesem Feld hat ein Jaguar gegen die als besonders zuverlässig bekannten Marktführer Mercedes und BMW - auch mit 3-Jahres-Garantie - keine Chance. Die bildliche Darstellung konzentriert sich auf ein Erlebnis, das mit Bedürfnissen zusammenhängt, bei deren Befriedigung Jaguar besondere Stärken hat. Die Garantie hat "nur" den Zweck, den Erfolg bei der Befriedigung der "jaguarrelevanten" Bedürfnisse zu sichern.

Abbildung 44: Motivation durch Sicherung des Nutzungserfolges ▶

Denn ein Traum ist wie eine Vision. Um sie wahr werden zu lassen, muß der Verstand solange daran arbeiten, bis sie in der realen Welt bestehen kann.

Die neue XJ-Serie macht diesen Traum wahr. Denn wir haben die klassischen Werte mit technischen Innovationen verbunden. So können sich Gefühl und Verstand einig sein. Denn bei aller Geschmeidigkeit, Dynamik und beispielhafter Serienausstattung ist es gut zu wissen, daß Sie eine 3 Jahre bis 100.000 Kilometer Garantie haben und der Jaguar Europa Service immer zur Stelle ist.

So ist mit viel Verstand dieser Traum Wirklichkeit geworden. Für Sie.

Ihr Jaguar Partner freut sich auf Ihren Besuch. Oder rufen Sie im Jaguar Informations Center an: 0 61 96 / 50 62 62.

JAGUAR
Daimler

DON'T DREAM IT, DRIVE IT.

## 6.4. Messung von Motiven und Motivation

*Dieses Kapitel*
- stellt verschiedene Verfahren zur Messung von Motiven, Motivstrukturen und Motivation vor,
- diskutiert Probleme, die sich bei der Messung dieser Themen typischerweise ergeben,
- beurteilt die Verwendungsmöglichkeiten der Verfahren und
- würdigt den Aussagegehalt von objektiven Messungen der allgemeinen Aktivierung.

Die Marketingabteilungen, Entwicklungsabteilungen und Geschäftsleitungen einiger Firmen scheinen über geradezu hellseherische Fähigkeiten zu verfügen. Sie entwerfen Vermarktungsstrategien, entwickeln neue Produkte und treffen andere weitreichende Entscheidungen, ohne auch nur ein einziges Mal systematisch die Kaufmotivation ihrer Kunden erhoben zu haben. Wie können diese Firmen wissen, auf welche Produkteigenschaften es wirklich ankommt und was sie in der Werbung betonen sollen?
Eine systematische Erhebung der Kaufmotivation kann mitunter verblüffende Ergebnisse zeigen. Ein ehemaliger Mitarbeiter eines multinationalen Markenartikelunternehmens erzählte einem der Autoren folgenden Fall: Nachdem das Markenartikelunternehmen einen Hersteller einer Orangensaftmarke übernommen hatte, fragte man sich dort, was man mit der Nebenmarke "P" anstellen sollte, die zusammen mit der eigentlich interessanten Hauptmarke aufgekauft wurde. P war ein Orangensaft, der sich "technisch" dadurch auszeichnete, daß er zuckerfrei und künstlich gesüßt war. Den Verantwortlichen fiel an dem Saft vor allem auf, daß er wegen seines deutlichen Beigeschmacks nach künstlichem Süßstoff in ihrer Wahrnehmung nicht besonders gut schmeckte.
Die "Hellseher" hätten an diesem Punkt wahrscheinlich gesagt: "Der Saft schmeckt ja scheußlich, laßt uns den Geschmack verbessern!" Vielleicht hätten sie auch das Produkt ganz eingestellt oder versucht, den vermeintlichen Produktvorteil der Zucker-

freiheit in den Vordergrund zu stellen. In diesem Fall wurde jedoch eine Untersuchung unter den Konsumenten von P durchgeführt, um die tatsächlichen Kaufgründe für dieses eigenartig schmeckende Getränk zu erheben. Dabei stellte sich heraus, daß ein Großteil der Kunden das Produkt deshalb konsumierte, weil es in ihrer Wahrnehmung den Durst besonders gut löschte. Der vermeintlich schlechte Geschmack wurde also als durstlöschend empfunden. Die Werbung wurde daraufhin - mit großem Erfolg - auf das Thema "Durstlöscher" ausgerichtet.
Wir wollen uns nun den Methoden zuwenden, mit denen man Motive und Motivation messen kann. Wir wollen mit der Messung der Motive und Motivstrukturen von Menschen beginnen.

## Messung von Motiven

Um die Motivstrukturen von Personen zu messen, werden sehr häufig Befragungsmethoden angewendet. Ein Beispiel dafür zeigt Abbildung 45. Im Beispiel handelt es sich um eine schriftliche Befragung mit geschlossenen Fragen. Der Vorteil dieser Methode besteht darin, daß sie sich relativ gut auswerten läßt, der Nachteil darin, daß der Befragte nur solche Antworten geben kann, die ihm vorgegeben wurden. Der Fragende muß also die für ihn relevanten Motive schon zuvor vollständig gesammelt und eingegrenzt haben. Soll ein noch relativ unbekanntes Feld erschlossen werden, eignen sich eher offene Fragen. In diesem Falle wird man tendenziell die offenen Fragen mündlich stellen, da diese Form Rückfragen zuläßt.

| **Wie wichtig sind Ihnen folgende Dinge in Ihrem Leben?** | **vollkommen unwichtig** | | | | **sehr wichtig** |
|---|---|---|---|---|---|
| 1) Ein sicherer Arbeitsplatz | 1 | 2 | 3 | 4 | 5 |
| 2) Hohes Ansehen in der Öffentlichkeit | 1 | 2 | 3 | 4 | 5 |
| 3) Freunde, auf die man sich verlassen kann | 1 | 2 | 3 | 4 | 5 |
| 4) Ein sicheres Auskommen | 1 | 2 | 3 | 4 | 5 |
| 5) ▪ ▪ ▪ | | | | | |

Abbildung 45: Beispiel für eine Messung von Werthaltungen

Bei der Auswertung von Fragen, wie sie in Abbildung 45 dargestellt sind, können verschiedene Fragen mit Hilfe statistischer Verfahren zusammengefaßt werden. Beispielsweise könnte sich

ergeben, daß die Items 1, 3 und 4 zusammen mit anderen Items zu einem gemeinsamen Faktor "Sicherheitsbedürfnis" zusammengefaßt werden. Je nachdem welchen Kombinationen von Motiven die Befragten zu- und abgeneigt sind, lassen sich im nächsten Schritt auch die Personen in (Ziel-) Gruppen mit jeweils ähnlicher Motivstruktur zusammenfassen.
Im angesprochenen Beispiel wird eher die kognitive Komponente der Motive abgefragt. Jedoch sollte auch die emotionale Komponente erhoben werden.[80] Auch biologische Grundbedürfnisse können verbal gemessen werden. (Beispiel: "Mein Hunger ist jetzt gering ... groß".)[81] Eine spezielle Form, Motivstrukturen zu erfassen, die auch in der Regel auf Befragung zurückgreift, ist die Anwendung eines Persönlichkeitstests. Die meisten Persönlichkeitstests wurden allerdings für klinische Fragestellungen konzipiert, ihre Aussagekraft für Fragestellungen der Werbung ist nicht unbedingt hoch.

**Messung von Motivation**

Um herauszufinden, welche Motive für eine bestimmte Kaufhandlung besonders wirksam werden, kann man die Motivstrukturen von Käufern und Nichtkäufern vergleichen. In Abbildung 48 wird anhand frei gewählter Zahlen die Hypothese getestet, daß Sicherheit ein wichtiges Kaufmotiv für Mercedes ist. Dazu werden fünfzig Mercedes-Fahrer mit 50 (ansonsten vergleichbaren) Nicht-Mercedes-Fahrern hinsichtlich des Motivs der Risikofreude verglichen.

| | nicht risikofreudig | risikofreudig |
|---|---|---|
| Mercedes-Fahrer | 29 | 21 |
| Nicht-Mercedes-Fahrer | 24 | 26 |

Abbildung 46: Beispiel für die Untersuchung der Konsumwirksamkeit eines Motivs

Die Annahme scheint zunächst bestätigt zu werden, da tatsächlich mehr Mercedes-Fahrer risikoscheu sind als Nicht-Mercedes-

80 Vgl. Kroeber-Riel (1992), der bemerkt, daß häufig die kognitiven und emotionalen Komponenten der Motivation getrennt erhoben werden und dabei nicht selten eine der Komponenten vernachlässigt wird.

81 Vgl. Trommsdorff (1993), S. 133.

Fahrer. Hier ist allerdings Vorsicht bei einer vorschnellen Interpretation geboten, denn bei einer Stichprobe von 100 Personen können Unterschiede in dieser Größenordnung auch auf Zufall beruhen. Die Wahrscheinlichkeit, daß der Unterschied zufällig entstanden ist, läßt sich ausrechnen und liegt in unserem Beispiel deutlich über 5%, was in der Regel als "nicht signifikant" eingestuft wird.[82]
Eine direktere Möglichkeit, Kaufmotive zu erfassen, besteht darin, Kunden und Nicht-Kunden nach ihren Gründen für den Kauf oder Nichtkauf zu fragen. Bei dieser Technik können die Befragten allerdings nur die Gründe angeben, die ihnen selbst bewußt sind. Jedoch dürften nicht einmal alle bewußten Gründe angegeben werden. Vor allem Kaufmotive, die gesellschaftlich nicht hoch angesehen sind (etwa Geltungsstreben, Sexualität) werden lieber verschwiegen. Emotionale Antriebe werden häufig mit vorgeschobenen Sachargumenten gerechtfertigt. Auf diese und andere Probleme bei der Messung von Motiven und Motivation wollen wir kurz eingehen.

**Probleme bei der Messung von Motiven und Motivation**

Antworttendenzen sind nicht nur ein Problem bei der Messung der Kaufgründe, sondern eigentlich bei allen Befragungen, besonders jedoch bei Fragen, die die Persönlichkeitssphäre der Befragten berühren und/oder Themen zum Gegenstand haben, über die feste soziale Normen existieren. Gegen Antworttendenzen kann man jedoch etwas tun. Wichtige Ansatzpunkte sind:

- Neutrale und genaue Fragestellung: Emotional besetzte Wörter, suggestive Formulierungen und auch Schlagwörter, die unterschiedlich interpretiert werden könnten, sollten vermieden werden.
- Offene Atmosphäre: Den Befragten sollte so weit wie möglich die Angst genommen werden, ihre wahren Meinungen zu

---

82 Vgl. auch unsere allgemeinen Überlegungen zur empirischen Bewährung in Kapitel 3.1. dieses Buches

äußern. Besonders wichtig ist hier das Verhalten des Interviewers, der nicht nur durch Worte, sondern auch durch Mimik und Gestik (Kopfnicken, befremdeter Blick etc.) einen nicht geringen Beeinflussungsdruck ausübt.

- Wechsel der Fragerichtung: Wenn ein Befragter schon fünfmal mit "ja" geantwortet hat, ist er geneigt, auch beim sechsten Mal "ja" zu sagen. Ein Wechsel zwischen positiv und negativ formulierten Fragen kann diese Tendenz verringern.

- Projektive Fragen: Statt nach den eigenen Motiven wird die Person gefragt, welche Motive wohl andere Leute haben könnten. (Beispielsweise eine Frage an einen Mercedes-Fahrer, der behauptet, Mercedes nur wegen der Sicherheit zu fahren : "Was glauben Sie sind für andere Leute wohl die Gründe, einen Mercedes zu kaufen?") Oft werden anderen genau die Motive zugeschrieben, die die Personen selbst haben ("Projektion"). Doch Vorsicht, dies muß nicht so sein. Man kann auf eine projektive Frage auch ein soziales Stereotyp (Vorurteil) erhalten, das nicht auf die befragte Person zutrifft.

Ein zweites wichtiges Problem bei der Messung von Motiven und Motivation ist das der Repräsentativität. Während die Prozesse der Wahrnehmung und des Lernens mehr oder weniger generell für alle Menschen gelten, bestehen bezüglich der Motive und Einstellungen große Unterschiede. Die Auswahl einer zu kleinen oder falschen Stichprobe kann daher zu völlig falschen Ergebnissen führen.
Um eine repräsentative Stichprobe zu erhalten, geht man gewöhnlich nach dem Quotenverfahren vor. Dabei wird für die betrachtete Grundgesamtheit (etwa alle Mercedes-Fahrer) die Verteilung bestimmter Strukturmerkmale (Alter, Geschlecht, Einkommen, Größe des Wohnortes etc.) ermittelt. Die Stichprobe wird dann so gezogen, daß sie die gleiche Verteilung dieser Strukturmerkmale - nur eben in einem kleineren Maßstab - aufweist.
Bevor man sich allerdings aufwendig mit Repräsentativität beschäftigt, muß man sich zuerst klar machen, was eigentlich die

Grundgesamtheit ist, aus der die Stichprobe zu ziehen ist. Sind es die aktuellen Kunden oder die potentiellen Kunden? Wenn die potentiellen Kunden untersucht werden, durch welche Merkmale ist die Zielgruppe vorab einzugrenzen?

**Objektive Messung der allgemeinen Aktivierung**

Da es bei der verbalen Messung von Motivation zu Verzerrungen durch Antworttendenzen kommt, ist mitunter auch eine objektive Messung der Aktivierung sinnvoll. Dazu werden physiologische oder motorische Reaktionen gemessen, die die Versuchsperson nicht oder fast nicht bewußt beeinflussen kann. Der berüchtigte "Lügendetektor" ist ein Gerät für solche Messungen. Es gibt jedoch noch eine Vielzahl anderer physiologischer (unter anderem z. B. Hautwiderstand, Gehirnströme, Pupillenvergrößerung, Herzfrequenz) und motorischer (z. B. Kopfbewegungen, Blickregistrierung) Meßmethoden.

Diesen Methoden ist jedoch gemeinsam, daß sie nicht in der Lage sind, die Richtung der Aktivierung zu messen. Das heißt konkret: Ob die gemessene Erregung positiv oder negativ empfunden wird, und ob die durch die Aktivierung freigesetzte "Energie" auf ein Motiv gerichtet ist und wenn ja, auf welches, oder ob sie ungerichtet ist, bleibt offen. Gemessen wird also "allgemeine Aktivierung", nicht spezifische Aktivierung (=Motivation).

Insofern eignen sich diese Methoden eher dafür,

- die verbalen Angaben über die Stärke der Motivation zu überprüfen und
- die Veränderung des Wahrnehmungs- und Lernverhaltens durch allgemein aktivierende Reize zu untersuchen (vgl. dazu die Ausführungen in den Kapiteln 4 und 5).

# 7. EINSTELLUNG/IMAGE

Die durch Werbung transportierten Inhalte dienen dem Zweck, das Vorstellungsbild der Kunden von dem beworbenen Produkt (oder Person oder Partei...) zu beeinflussen. Dieses Vorstellungsbild wird in der gängigen Praxis als "Image" bezeichnet. Der Begriff hat sich herausgebildet, weil die Käufer nicht direkt nach den objektiven Merkmalen des Produktes entscheiden, sondern nach ihrem inneren Bild, das sie von der objektiven Produktgestalt haben. Insofern ist der Imagebegriff nahezu untrennbar mit der Grundhaltung des Marketing verbunden, die den Ausgangspunkt aller Überlegungen beim Kunden mit seinen Bedürfnissen und seiner Wahrnehmung sieht.
Was genau ist nun das "Image", wie setzt es sich zusammen? Analysiert man den Imagebegriff unter einem psychologischen Blickwinkel, stellt sich heraus, daß das mit Image gemeinte Vorstellungsbild eines Produktes letztlich deckungsgleich mit dem ist, was in der Psychologie als "Einstellung" bezeichnet wird.[83] Für den Begriff Einstellung gibt es eine Vielzahl von Definitionen, aber den meisten davon dürften folgende Elemente gemeinsam sein:

- Einstellung ist eine aus der Erfahrung stammende Bereitschaft, in relativ konsistenter Weise wertend auf einen Gegenstand zu reagieren.[84]

Die einzelnen Elemente des Einstellungs- bzw. Imagebegriffs wollen wir uns nun etwas näher anschauen:

- Erfahrung: Einstellungen werden erworben, sie sind nicht etwa angeboren oder natürlich vorgegeben.
- konsistent: Einstellungen sind zeitlich einigermaßen stabil und einigermaßen klar artikulierbar. Die Dimensionen einer Einstellung hängen nachvollziehbar zusammen.
- wertend: Einstellungen sind keine Tatsachen oder objektive Produkteigenschaften, sondern subjektive Erlebnisse. Die Be-

---

[83] Vgl. von Rosenstiel/Neumann (1991), S. 122, Kroeber-Riel (1992), S. 162.
[84] Vgl. auch von Rosenstiel/Neumann (1991), S. 122.

wertung erfolgt anhand der persönlichen Motive. Die Bewertung hat damit, wie wir im vorherigen Kapitel gesehen haben, kognitive und emotionale Elemente.
- Gegenstand: Einstellungen schweben nicht "im luftleeren Raum", sind keine Persönlichkeitseigenschaften, sondern haben einen Objektbezug. Das heißt, die Bewertung bezieht sich auf wahrgenommene (nicht tatsächliche) Produkteigenschaften.

Da Image und Einstellung psychologisch gesehen identisch sind, zumindest, wenn man Image operationalisiert und Meßvorschriften dafür entwickelt, schlägt Kroeber-Riel vor, den Imagebegriff durch den Einstellungsbegriff zu ersetzen.[85] Dennoch dürfte es wohl nicht dazu kommen, daß der Imagebegriff verschwindet, denn für die Marketingpraxis schwingen im Imagebegriff zusätzliche Aspekte mit:
- Der Begriff "Image" hat eine lange Tradition im Marketing und dürfte schon allein deswegen nicht verschwinden.
- "Image" bezieht sich eigentlich nur auf Einstellungen gegenüber Produkten, insbesondere gegenüber Markenartikeln. Einstellungen gegenüber anderen Dingen wie politischen Fragen, anderen Menschen, Verhaltensweisen o. ä. heißen (tendenziell) nicht "Image".
- Image wird besonders gern aggregiert betrachtet. Das Image eines Produktes in der Gesellschaft oder in einer bestimmten Zielgruppe interessiert. Einstellungen von Einzelpersonen gehen in der Imagebetrachtung unter.
- Image hat eine starke gestalterische Nebenbedeutung. Es wird in der Regel ein einheitliches Image eines Produktes in einer Zielgruppe angestrebt. Das heißt, die tatsächlichen Einstellungen gegenüber einem Produkt sollen einer idealen Einstellung ("Sollimage") angeglichen werden.

---

[85] Vgl. Kroeber-Riel (1992), S. 162.

## 7.1. Einstellungen zum Produkt

> *Dieses Kapitel*
> - plädiert für die Bedeutung des Image als eine Art Frühindikator für den Verkaufserfolg,
> - untersucht kritisch das Verhältnis von Image und tatsächlichem Kaufverhalten,
> - zeigt, auch an Beispielen, wie das Image erhoben werden kann und
> - gibt erste Hinweise für die Entwicklung eines Sollimages.

Das Imagekonzept hat im Marketing wohl vor allem deswegen eine hervorgehobene Stellung, weil die Einstellungen der Käufer gegenüber einem Produkt als besonders gutes Maß gelten, um das spätere Kaufverhalten vorherzusagen. Eine reine Orientierung an Verkaufszahlen läßt Veränderungen erst sehr spät sichtbar werden, nämlich erst nachdem die Verkaufszahlen schon eingebrochen sind. Längerfristige Nachfrageänderungen kündigen sich jedoch häufig schon vorher in einem Einstellungswandel an.

**Image als Frühindikator für den Verkaufserfolg**

Eine Beobachtung des Image und eine bewußte Gestaltung des Image, das den gesellschaftlichen Entwicklungen Rechnung trägt, ist ein wichtiger Beitrag, um langfristig den Absatzerfolg zu sichern. Ein Beispiel dafür beschreiben von Rosenstiel/Neumann:[86]

Opel war in den 70er Jahren in der Gefahr, die nachwachsende Generation von Autofahrern dauerhaft zu verlieren. Die Marke hatte zuvor mit Wirtschaftlichkeit und Zuverlässigkeit geworben und gut verkauft. Durch den gesellschaftlichen Wertewandel (und andere Faktoren) wurden diese Eigenschaften, die zuvor positiv bewertet wurden, zunehmend negativ bewertet ("Hosenträgerimage"). Opel reagierte mit einer Betonung von Sportlichkeit bei Produkten (Sportversionen, Opel GT) und Werbung (Rallye-

[86] Vgl. von Rosenstiel/Neumann (1991) S. 140f.

Einsätze). Die Anzeige in Abbildung 47 illustriert, wie Opel - mit Erfolg - versucht hat, sein "Hosenträgerimage" in Richtung auf mehr Sportlichkeit zu wandeln.

Abbildung 47: Wandlung des Image durch Werbung
(aus: von Rosenstiel/Neumann, 1991, Anhang)

**Einstellung und Verhalten**

Da das Image zur Vorhersage des Verkaufserfolges verwendet wird, wollen wir uns nun näher ansehen, wie Einstellungen und Verhalten genau zusammenhängen. Hierzu lassen sich zwei Hypothesen aufstellen:[87]

1. Die Einstellungen bestimmen das Verhalten.
2. Das Verhalten bestimmt die Einstellungen.

Für jede der beiden Hypothesen lassen sich gute Gründe finden. Dies sei beispielhaft erläutert:

Ad (1): Unterstellt man einen einigermaßen freien Willen, wird ein Konsument ein Produkt dann um so eher kaufen, wenn er es gut findet (eine positive Einstellung ihm gegenüber hat). Allerdings kann er nicht alles kaufen, was er gut findet, da er sich bestimmten Beschränkungen gegenübersieht: (a) Individuelles Können (z. B. Aufnahmeprüfung vor Bildungs-"konsum"), (b) Soziales Dürfen (z. B. Drogenverbot), (c) Situative Ermöglichung (z. B. Ladenschlußzeiten, begrenztes Einkommen).

Ad (2): Auch der umgekehrte Fall ist denkbar und durchaus üblich. Beispiel: Kauft ein Konsument ein bestimmtes Produkt (vielleicht weil das eigentlich präferierte Produkt nicht verfügbar war, oder weil er einem Impuls gefolgt ist) kann es sein, daß er nach der Kaufhandlung seine Einstellung zu diesem Produkt ändert, weil er gute Erfahrungen damit gemacht hat.

Man kann also davon ausgehen, daß sich Verhalten und Einstellungen wechselseitig beeinflussen. Empirisch läßt sich für Konsumgüter tatsächlich ein Zusammenhang zwischen Einstellung und Kaufverhalten feststellen, der dahingehend interpretiert werden kann, daß die Einstellungen eine Teilursache für das Verhalten sind.[88] Das bedeutet für die Werbung, daß sie sich (auch) auf die Verbesserung der Einstellungen der Kunden gegenüber dem Produkt konzentrieren sollte. Dazu ist es nötig, zunächst einmal die Einstellungen der Kunden überhaupt zu kennen.

---

[87] Vgl. Kroeber-Riel (1992), S. 164ff.

[88] Vgl. z. B. Axelrod (1968), Fazio/Zanna (1978), Fishbein/Ajzen (1974). Trommsdorff weist darauf hin, daß zwischen positiver Einstellung und Kauf eine andere Beziehung besteht als zwischen negativer Einstellung und Nichtkauf (1993, S. 145f.).

**Diagnose des Image**

Einstellungen sind, wie wir oben festgehalten haben, Bewertungen von Gegenständen. Wir müssen diese Definition jedoch konkretisieren, wenn wir Einstellungen empirisch erheben wollen. Ein Ansatz dazu ist die "VIE-Theorie", die wir bereits dazu benutzt haben, um den Prozeß der Motivation zu erklären. Einstellungen sind danach ein Teilbereich der Motivation. Es gibt aber auch andere Ansätze, von denen hier zwei weitere kurz vorgestellt werden sollen:

- Nach der VIE-Theorie[89]: Die Einstellung gegenüber einem Produkt bemißt sich danach, inwieweit das Produkt instrumentell für wichtige Motive ist. Die Einstellung hängt in dieser Vorstellung davon ab, (1) wie hoch die Instrumentalität (I) für bestimmte Motive eingeschätzt wird und (2) wie hoch die Valenz (V) dieser Motive ist.[90] (Beispiel: Jemand hält Prestige für ein wichtiges Motiv und ist der Meinung, daß eine Rolex-Uhr geeignet ist, sein Prestige zu erhöhen. Er hat dann eine positive Einstellung zur Rolex.)
- Nach dem Fishbein-Modell:[91] Die Einstellung bemißt sich danach, (1) wie hoch jemand die Wahrscheinlichkeit einschätzt, daß ein Produkt eine bestimmte Eigenschaft aufweist und (2) wie gut er diese Eigenschaft bewertet. (Beispiel: Jemand glaubt, daß eine Rolex-Uhr sehr wahrscheinlich von seinen Bekannten bewundert wird, und er bewertet Produkte positiv, die prestigeträchtig sind. Er hat dann eine positive Einstellung zur Rolex.)
- Nach dem Modell von Trommsdorff:[92] Die Einstellung bemißt sich danach, wie hoch der Unterschied zwischen (1) den wahrgenommenen Produktmerkmalen und (2) den Merkmalen eines idealen Produktes sind. (Beispiel: Jemand ist der Meinung, eine ideale Armbanduhr ist prestigeträchtig, und er glaubt, daß eine Rolex-Uhr dieser Idealvorstellung recht nahe kommt. Er hat dann eine positive Einstellung zur Rolex.)

---

[89] Vgl. Vroom (1964) und von Rosenstiel (1992), S. 379ff..

[90] Die Einstellung (V*I) ist somit ein Teilbereich der Motivation (V*I*E).

[91] Vgl. Fishbein (1966) und Fishbein/Ajzen (1980). Eine Beschreibung und Kritik findet sich in Trommsdorff (1975) und kurz in Trommsdorff (1993), S. 140.

[92] Vgl. Trommsdorff (1975) und Trommsdorff (1993), S. 141f..

Die vorgestellten Modelle beschränken sich freilich nicht auf eine Dimension. Der Einfachheit halber haben wir hier nur die Dimension "Prestige" betrachtet. Bei der Einstellung zu einer Armbanduhr spielt jedoch sicherlich nicht nur das Prestige eine Rolle, sondern auch andere Dinge wie etwa Ganggenauigkeit, Werterhaltung oder Preis. Die Modelle sind daher mehrdimensional angelegt, das heißt, daß jeweils verschiedene Motive, verschiedene Eigenschaften oder verschiedene Merkmale gleichzeitig in die Einstellung eingehen.
Man kann freilich nicht unendlich viele Dimensionen betrachten. Dies dürfte auch nicht notwendig sein, weil man davon ausgehen kann, daß in die Bewertung eines Produktes in der Regel nur eine begrenzte Anzahl von wahrgenommenen Eigenschaften einfließen.[93] Es muß also vorab eingegrenzt werden, welche Aspekte in die Erhebung der Einstellungen einfließen sollen. Für diese Eingrenzung sind zwei Ansätze gleichzeitig zu verfolgen:

- Besonders wichtig für die Qualität der Einstellungen ist die *Situation,* in der das Produkt genutzt wird. Sollen z. B. die Einstellungen zu einem Unimog gemessen werden, werden für die Situation "Sahara-Abenteuer" sicherlich andere Eigenschaften wichtig sein, als für eine Situation "Fahrt von München nach Hamburg". Die Dimensionen der Einstellungen sollten daher vor dem Hintergrund der Nutzung des Produktes festgelegt werden.[94]
- Welchen Eigenschaften besondere Bedeutung zugemessen wird, hängt sicherlich auch mit der *persönlichen Motivstruktur* zusammen. Für die Eingrenzung der Dimensionen ist es daher hilfreich, sich an den dominierenden Motiven in der Zielgruppe zu orientieren.

Diese Probleme treten nicht auf, wenn man die Einstellungsmessung auf eine einzige Dimension ("finde ich gut ... finde ich schlecht") reduziert. Der Nachteil dieser eindimensionalen Betrachtung ist allerdings, daß damit das Image ein undifferenziertes Bild ist.

---

93 Vgl. Fishbein (1963) und Fishbein/Ajzen (1975).
94 Vgl. von Rosenstiel/Neumann (1991), S. 125.

## Beispiele für die Diagnose des Image

Je nachdem, welches Modell man unterstellt, wird man jeweils die zwei Komponenten (Motive und Instrumentaltiäten, bzw. Wahrscheinlichkeit und Bewertung der Eigenschaften, bzw. wahrgenommene und ideale Merkmale) operationalisieren und messen. Wir wollen nun beispielhaft eine Studie über die Einstellungen zu zwei Zigarettenmarken vorstellen, in der die Einstellungsmessung einfacher angelegt worden ist.[95] Die Befragten (Raucher zweier Zigarettenmarken) wurden gebeten, anhand eines Polaritätenprofils die Eigenschaften der zwei Zigarettenmarken einzustufen. Dieses Vorgehen ist bei der Einstellungsmessung recht gebräuchlich.

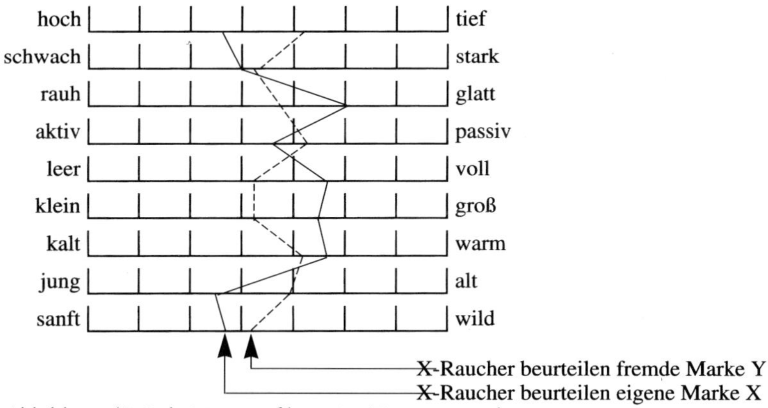


Abbildung 48: Polaritätenprofil zweier Zigarettenmarken
(Auszug sinngemäß nach Hofstätter/Lübbert 1958, S. 76)

Abbildung 48 stellt auszugsweise dar, wie die Einstellungen erhoben wurden. Die eingezeichneten Linien geben bereits Durchschnittswerte an. Die Antworten sind also schon aggregiert. Die Information läßt sich jedoch noch weiter verdichten, indem die einzelnen Polaritäten auf wenige grundlegende Dimensionen reduziert werden. Dies erfolgte mit einem statistischen Verfahren (Faktorenanalyse) und ergab zwei Dimensionen, denen Hofstätter/Lübbert die Namen "positive Zuwendung" und "negative

[95] Vgl. Hofstätter/Lübbert (1958).

Zuwendung" gaben. (Hier bedeutet also keine positive Zuwendung nicht automatisch eine negative Zuwendung, sondern man kann gleichzeitig weder eine positive Zuwendung noch eine negative Zuwendung zu einem Gegenstand haben.)
Abbildung 49 stellt auf dieser aggregierten Ebene die Images der zwei Marken jeweils bei ihren eigenen Rauchern und bei den Rauchern der jeweils anderen Marke im Vergleich dar.

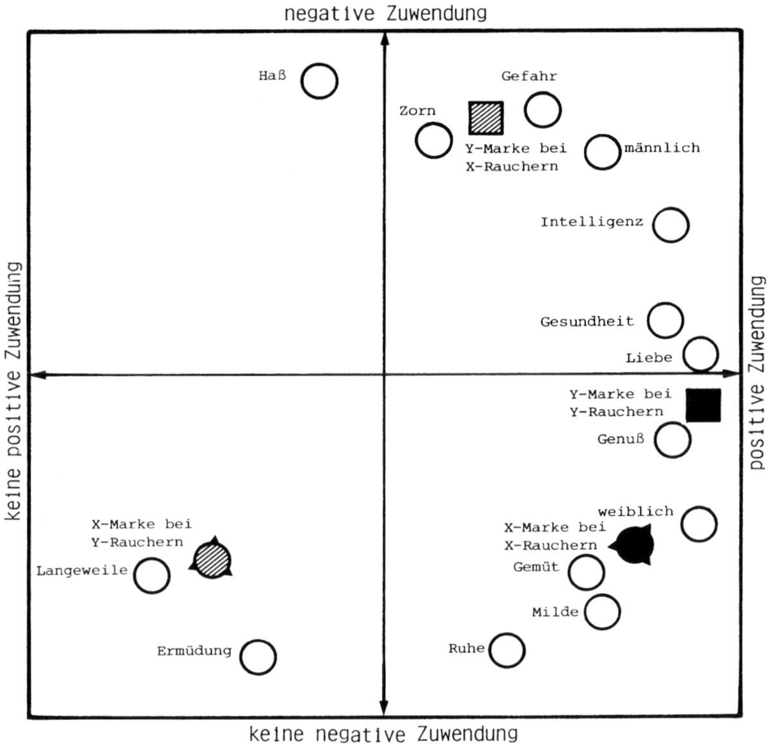

Abbildung 49: Image zweier Zigarettenmarken
(übernommen aus: von Rosenstiel/Neumann, 1991, S. 135, nach Hofstätter/Lübbert, 1958)

Eine geradezu klassische Studie zur indirekten Erfassung des Image führte Haire (1950) durch. Um Antworttendenzen vorzubeugen, gestaltete er die Einstellungsmessung undurchschaubar für die Versuchspersonen. Er legte zwei Gruppen von je 50 Hausfrauen Einkaufslisten vor, die bis auf das zu untersuchende Produkt (Nescafé) identisch waren. Abbildung 50 stellt die zwei Einkaufslisten dar.

| Einkaufsliste A (Versuchsgruppe) | Einkaufsliste B (Kontrollgruppe) |
|---|---|
| 1 1/2 Pfd. Hamburger | 1 1/2 Pfd. Hamburger |
| 2 Laib Wonder-Brot | 2 Laib Wonder-Brot |
| 1 Bündel Karotten | 1 Bündel Karotten |
| 1 Packung Rumford Backpulver | 1 Packung Rumford Backpulver |
| 1 Büchse Nescafé | 1 Packung Maxwell-Filterkaffee |
| 2 Büchsen DelMonte-Bohnen | 2 Büchsen DelMonte-Bohnen |
| 5 Pfd. Kartoffeln | 5 Pfd. Kartoffeln |

Abbildung 50: Einkaufslisten zur Ermittlung des Image
(nach Haire, 1950)

Die Versuchspersonen wurden gebeten, die Frau zu charakterisieren, die die ihnen vorgelegte Einkaufsliste vorbereitet hatte. Die Versuchspersonen der Versuchsgruppe (Nescafé) schilderten die Hausfrau als faul (48%), schlecht planend (48%), verschwenderisch (12%) oder gar generell als schlechte Hausfrau (16%). In der Kontrollgruppe (Maxwell Filterkaffee) wurde die Hausfrau erheblich positiver charakterisiert (nur 4% als faul, 12% als schlecht planend, 0% als verschwenderisch und 0% als generell schlechte Hausfrau).
Auf diese Weise konnte Haire die verdeckten Widerstände gegen das damals neu eingeführte Produkt aufdecken. Die Werbung wurde umgestellt und betonte nicht mehr die Bequemlichkeit der Zubereitung von Nescafé, sondern sprach davon, daß Nescafé echter, guter Bohnenkaffee sei.
Kritisch ist allerdings zu bemerken, daß auf diese Weise nur indirekt von der Charakterisierung der Hausfrau auf das Image geschlossen werden kann. Darüber hinaus können Verzerrungen dadurch entstehen, daß Nescafé bzw. Maxwell Filterkaffee in der Wahrnehmung der Versuchspersonen eine Interaktion mit anderen Produkten der Einkaufsliste eingeht, so daß bei einem anderen Versuchsaufbau mit einer anderen Einkaufsliste ganz andere Ergebnisse herauskämen[96] Auch die Stichprobengröße von 100 Personen ist sehr klein, wenn die Ergebnisse für den gesamten amerikanischen Markt verallgemeinert werden.

[96] Vgl. Anderson (1978).

**Entwicklung eines Sollimage**

Das Image eines Produktes sagt allein noch nichts aus. Interessant ist vielmehr, wie "gut" das Image ist. Um die Qualität des Image zu bewerten, werden häufig zwei (kombinierbare) Verfahren angewandt:

- Zum Vergleich wird das Image der relevanten Konkurrenzmarken erhoben. (Dies geschieht in den beiden oben referierten Beispielen.)
- Zum Vergleich wird das Image eines gedachten idealen Produktes erhoben. Das ideale Produkt kann man für den Durchschnitt aller Nachfrager erheben, man kann es aber auch differenziert nach Zielgruppen untersuchen.

Wenn man diese Informationen kennt, kann man daran gehen, eine Sollvorstellung für das Image des eigene Produktes zu entwickeln. Man kann sich dafür entscheiden, das Sollimage in der Nähe erfolgreicher Konkurrenzprodukte zu definieren ("me too-Produkte"), häufig wird man jedoch versuchen, das eigene Image deutlich von den Angeboten der Wettbewerber zu differenzieren. Dabei sollte das Sollimage "weit weg" von Konkurrenzmarken liegen, aber gleichzeitig in der Nähe des Image des idealen Produktes einer bestimmten Teilgruppe von Nachfragern (Zielgruppe), die zu anderen Marken keine allzu positive Einstellung haben. Damit kommen wir zur Frage der Positionierung, die wir im nächsten Kapitel untersuchen werden.

## 7.2. Positionierung im sozialen Feld

*Dieses Kapitel*

- plädiert dafür, eine eigenständige Imageposition im sozialen Feld aufzubauen und
- stellt dafür zwei Positionierungsmodelle vor.

Man kann nicht einfach sagen: Ein Image ist gut oder schlecht. Da unterschiedliche Menschen unterschiedliche Motive verfol-

gen, gibt es kaum ein Produkt, das die Bedürfnisse aller Marktteilnehmer voll befriedigen kann. Vielmehr stellen unterschiedliche Nachfragergruppen unterschiedliche Ansprüche an ein Produkt, so daß ein objektiv gleiches Produkt bei verschiedenen Zielgruppen jeweils unterschiedliche Einstellungen hervorruft. Diese unterschiedlichen Ansprüche werden in den meisten Märkten durch unterschiedliche Produkte bedient.
Daher sollte in der Regel das Ziel einer Gestaltung des Image nicht sein, allgemein positive Einstellungen zu erreichen, sondern das Angebot sollte

- möglichst positive Einstellungen bei einer ganz bestimmten Zielgruppe hervorrufen und
- sich dabei gegenüber konkurrierenden Angeboten abgrenzen.[97]

Anders ausgedrückt: Das eigene Angebot sollte in dem sozialen Feld "Markt" richtig positioniert werden. Wie aber geht das?

**Klassisches Positionierungsmodell**

Bei klassischen Positionierungsmodellen wird

- die Position der eigenen Marke relativ zu den
- Positionen der Konkurrenzangebote und relativ zu den
- Positionen der idealen Angebote aus Sicht bestimmter Zielgruppen
- in einem mehrdimensionalen Eigenschaftsraum

eingetragen.[98]

Um ein Positionierungsmodell zu erhalten, werden die repräsentativ für den Markt ausgewählten Versuchspersonen gebeten, das eigene Angebot, die Angebote der Konkurrenz und ein gedachtes ideales Angebot zu beurteilen. Die Ergebnisse dieser Einstellungsmessung können dann mit Hilfe statistischer Verfahren (meist multidimensionale Skalierung) so ausgewertet werden, daß die relevanten Dimensionen, nach denen die Beurteilung erfolgt, festgelegt werden können. Für die verschiedenen Angebote

---

97 Vgl. Rothschild (1987), S. 155; Kroeber-Riel (1993), S. 45.

98 Vgl. Kroeber-Riel (1993), S. 45; Kroeber-Riel (1992), S. 206; Wind (1982), S. 81ff.; Schobert (1980); Mazanec/Wiegele (1977).

wird bestimmt, welche Ausprägungen sie auf den betrachteten Dimensionen haben.
Die Beurteilungsdimensionen spannen gleichsam einen Raum auf, in dem die Angebote eine bestimmte Position haben. Ein Beispiel für ein Positionierungsmodell zeigt Abbildung 51. Dieses Modell ist sehr anschaulich, weil nur zwei Beurteilungsdimensionen berücksichtigt werden. In der Praxis werden solche anschaulichen Modelle gerne verwendet, wobei man sich vor Augen halten muß, daß in die Produktbeurteilung meist mehr als nur zwei relevante Dimensionen eingehen.

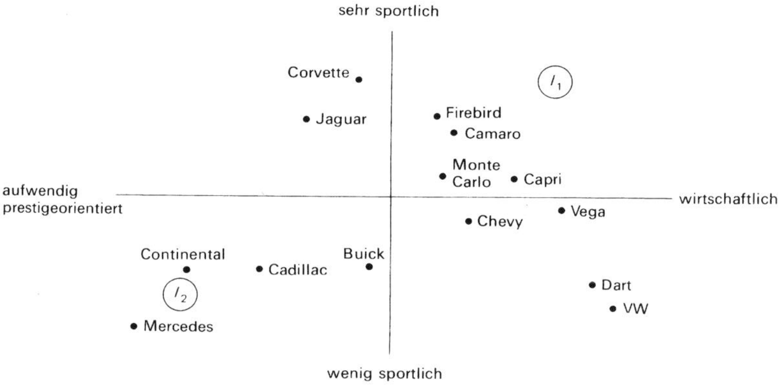


Abbildung 51: Beispiel für ein einfaches Positionierungsmodell (entnommen aus: Kroeber-Riel, 1993, S. 46[99])

Das Positionierungsmodell zeigt, wie nah das eigene Angebot an den Idealangeboten (in Abbildung 51 die Punkte $I_1$ und $I_2$) liegt und wie sich die Konkurrenzangebote in den Wahrnehmungen der Kunden verteilen. Bei der Konzeption und Interpretation des Modells sind einige mögliche Fehlerquellen zu berücksichtigen:[100]

- Konzentration auf den relevanten Wettbewerb: Nicht alle Angebote auf dem Markt sind relevante Wettbewerber des eigenen Angebotes, sondern nur die, die sehr nahe am eigenen Angebot liegen. Eine Abgrenzung gegenüber Angeboten, die

[99] nach Wind (1982), S. 87.
[100] Vgl. auch Kroeber-Riel (1992), S. 206ff.

die Nachfrager sowieso als unterschiedlich wahrnehmen, ist unnötig.

- Orientierung an den subjektiven Einstellungen der Kunden: Grundlage des Positionierungsgedankens ist die "Marketing-philosophie", das heißt das grundsätzliche Denken vom Markt her. Immer wieder verfallen Anbieter darauf, ihre Position nach objektiven Produktmerkmalen zu bestimmen. Dieser Ansatz geht jedoch am Problem vorbei, weil nicht die objektiven Eigenschaften, sondern einzig und allein die subjektiven Einstellungen für das Kaufverhalten relevant sind. Ein streng empirisches Vorgehen, wie es hier beschrieben wird, trägt dazu bei, diesen Fehler zu verhindern.
- Berücksichtigung der Dynamik der Marktprozesse: Die Positionen der Angebote und auch die Idealpunkte liegen nicht fest, sondern verändern sich - etwa durch gesellschaftliche Prozesse, Werbung, Auftreten neuer Wettbewerber etc. Diese Veränderungen gehen zwar nicht schnell vor sich, aber dennoch sagt ein erstelltes Marktmodell nur etwas über die Vergangenheit und Gegenwart aus, nichts über die Zukunft. Durch zusätzliche Maßnahmen muß versucht werden, Veränderungen vorauszusehen. Sternthal/Craig berichten beispielsweise, daß in den USA drei Mundwassermarken fast gleichzeitig mit den gleichen Positionierungsargumenten eingeführt wurden. Die zuvor freie Position wurde auf einen Schlag überbesetzt, so daß es zu einer verheerenden Konkurrenzsituation mit hohen Verlusten für alle Beteiligten kam.[101]
- Bestimmung der Idealpositionen: Besonders schwierig ist die Bestimmung der Idealpositionen. Wenn zu wenige Idealpositionen bestimmt werden, bleiben Positionierungschancen in Marktnischen ungenutzt, weil die dortigen Zielgruppen nicht im Modell erkennbar sind. Zu viele Idealpunkte wiederum machen das Modell unbrauchbar, weil dann nahezu jede Positionierung sinnvoll scheint, obwohl nur wenige es sind. Eine Gefahr kann auch darin bestehen, daß die Einstellungen zum idealen Angebot durch das Image der führenden Marke dominiert wer-

---

[101] Vgl. Kroeber-Riel (1992), S. 208.

den.[102] Dann scheint (eventuell fälschlicherweise) nur eine Positionierung als "me-too-Produkt" erfolgversprechend.

**Marktmodell von Spiegel**

Ein anderes Positionierungsmodell, das nicht mit fiktiven Idealangeboten operiert, und sich besonders dazu eignet, noch unbesetzte "Marktnischen" zu finden, ist das Marktmodell von Spiegel.[103] Zu einem festen Begriff wurde die "Marktnische", nachdem BMW Mitte der sechziger Jahre seine "neue Klasse" (Vorgängermodell der heutigen 3er Reihe) nach dem Marktmodell von Spiegel in einer von den großen Automobilherstellern nicht besetzten Nische positionierte.[104] Der Erfolg dieser Nischenstrategie rettete seinerzeit den damals noch erheblich kleineren Hersteller vor einer Übernahme.

Auch in diesem Modell wird das soziale Feld (in der Regel ein Markt) durch Dimensionen strukturiert. Die Dimensionen werden aber nicht unbedingt nach den Einstellungen zum Produkt gebildet, sondern nach Kriterien, die die Personen des sozialen Feldes beschreiben. Mögliche Dimensionen sind beispielsweise:

- Einkommen (gutverdienend ... schlechtverdienend)
- Regionen (Norddeutsche ... Süddeutsche)
- Sozialer Status (hoch ... niedrig)
- Psychologische Merkmale (kontaktfreudig ... kontaktscheu; prestigebewußt ... bescheiden)

Uns interessieren vor allem die psychologischen Merkmale. Es ist hier von entscheidender Bedeutung, durch Vorstudien oder durch nachträgliche Festlegung (etwa durch multidimensionale Skalierung) Dimensionen zu wählen, die sowohl den Personen

---

[102] Vgl. Kroeber-Riel (1992), S. 208, aus eigenen Untersuchungen (1975) berichtet, daß das Image des idealen Sektes weitgehend mit dem Image von Henkell Trocken übereinstimmte.

[103] Vgl. zum folgenden Spiegel (1961); von Rosenstiel/Ewald (1979), S. 47ff.; von Rosenstiel/Neumann (1991), S. 141ff..

[104] Vgl. Hahnemann (1974). Das für die Nischenstrategie bei BMW verantwortliche Vorstandsmitglied Paul Hahnemann (übrigens offiziell für Finanzen zuständig) erhielt zu dieser Zeit den Spitznamen "Nischen-Paule".

des sozialen Feldes als auch den zu untersuchenden Angeboten angemessen sind.
Um die Position eines Angebotes ("Meinungsgegenstandes") zu bestimmen, werden die Einstellungen der Personen im Markt bestimmt. Dabei sind zu unterscheiden:

- Uninformierte ( )
- Anhänger (+)
- Ablehner (-)
- Unentschiedene (·)

Die Position eines Meinungsgegenstandes wird dort bestimmt, wo sich jeweils das Zentrum der Anhänger befindet. (Vgl. die Darstellung in Abbildung 52.)

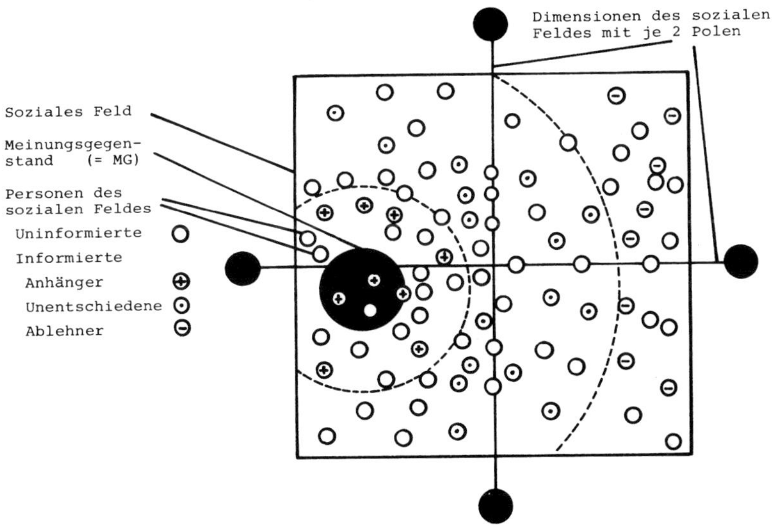


Abbildung 52: Beispiel für ein Soziales Feld
(entnommen aus: von Rosenstiel/Neumann 1991, S. 142)

Wenn man alle Meinungsgegenstände in das Modell einträgt, bekommt man einen Überblick darüber, wo die bestehenden Angebote und ihre Anhänger positioniert sind. Eine "manifeste Nische" ergibt sich dann, wenn es eine Gruppe von Marktteilnehmern gibt, die keinem der bestehenden Angebote anhängen (vgl. Abbildung 53). Ein neues Angebot, das den Merkmalen der Per-

sonen in dieser Nische entspricht, hat gute Aussichten, dort Anhänger (Käufer) zu finden.
Häufiger dürfte allerdings der Fall sein, daß Marktnischen nur "latent" sind (vgl. Abbildung 54). Dies ist dann der Fall, wenn die

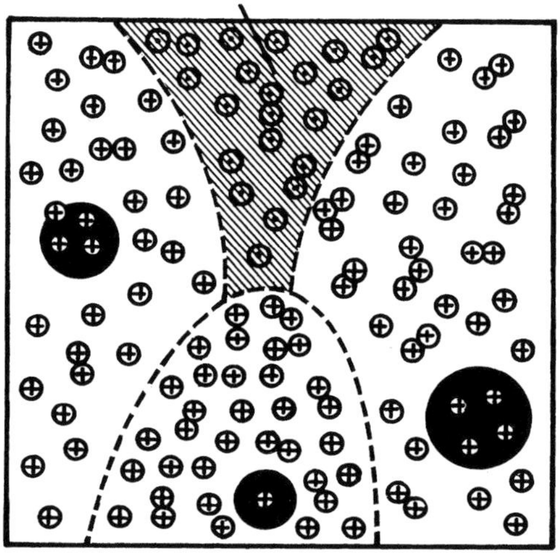

Abbildung 53: Beispiel für eine manifeste Marktnische (entnommen aus: von Rosenstiel/Neumann 1991, S. 145)

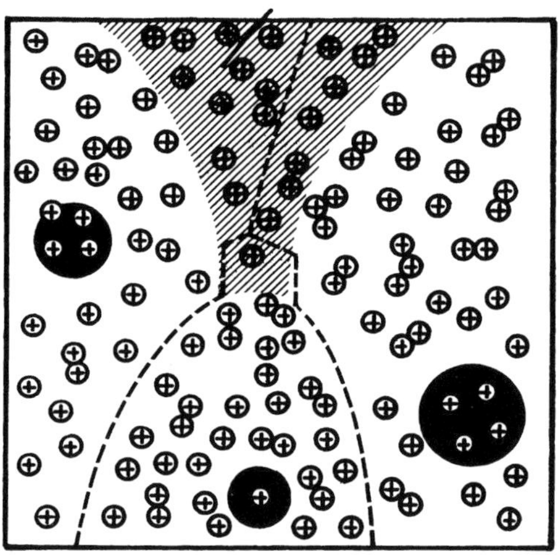

Abbildung 54: Beispiel für eine latente Marktnische (entnommen aus: von Rosenstiel/Neumann 1991, S. 145)

Personen einen so hohen Bedürfnisdruck haben, daß sie lieber ein ihren Wünschen weniger entsprechendes Angebot wahrnehmen, als ganz zu verzichten. Beispielsweise ist der Druck beim Transportbedürfnis so hoch, daß viele Personen lieber ein Auto fahren, das ihnen eigentlich nicht gefällt, als ganz auf diese Transportmöglichkeit zu verzichten und zu Fuß gehen zu müssen. Wenn ein neues Angebot in einer latenten Nische positioniert wird, werden diese Personen von ihrer bisherigen Wahl auf das neue Angebot umschwenken.

## 7.3. Ausgewählte Probleme bei der Veränderung von Einstellungen

> *Dieses Kapitel*
> - leitet allgemeine Handlungsvorschläge aus den Positionierungsmodellen ab,
> - untersucht die Wandelbarkeit von Einstellungen und
> - zeigt Wege auf, wie Widerstände gegen die Beeinflussung von Einstellungen umgangen werden können.

Wenn das Image und die Positionierung bestimmt sind, kann die Werbung daran gehen, die vorgegebene Situation im Sinne des Unternehmens zu beeinflussen. Das heißt keineswegs zwangsläufig, daß Werbung ausschließlich darauf gerichtet ist, das Image des Produktes oder des Unternehmens zu verändern.

**Handlungsmöglichkeiten auf Basis der Positionierung**

Um die Anhänger (spätere Käufer) eines Produktangebotes zu erhöhen, sind verschieden Ansätze denkbar:[105]

- Information der Uninformierten: Eine Veränderung der Positionierung ist dann nicht angestrebt.
- Erhöhung der Attraktivität des Meinungsgegenstandes: Auch hier wird die Position nicht angetastet. Vielmehr wird das Pro-

[105] Vgl. zum folgenden von Rosenstiel/Neumann (1991), S. 144ff..

dukt besser auf die bestehenden Kundenbedürfnisse abgestimmt.

- Verringerung der Attraktivität konkurrierender Meinungsgegenstände: Ohne Veränderungen der Positionen wird dargestellt, daß Wettbewerbsprodukte zwar die Bedürfnisse wie das eigene Produkt erfüllen, aber dies in weniger guter Weise realisieren.
- "Verschiebung" der Personen in Richtung auf den Meinungsgegenstand: Das bedeutet eine Beeinflussung der Bedürfnisse und Wünsche der Personen. (Im klassischen Positionierungsmodell bedeutet dies die Verschiebung der idealen Position in Richtung auf die eigene Position.)
- Erhöhung des allgemeinen Bedürfnisdrucks: Hier werden die Grundbedürfnisse, die für den Konsum der ganzen Produktgattung verantwortlich sind, erhöht. Diese Werbung dient allen Marktteilnehmern.
- Verschiebung der Konkurrenz in weniger dicht besiedelte Regionen: Das wird in der Politik oft versucht. Gegner werden in eine "radikale Ecke" abgedrängt.
- Neupositionierung des Meinungsgegenstandes: Der Meinungsgegenstand wird auf die Bedürfnisse eines anderen Bereiches des sozialen Feldes (z. B. eine Nische oder "die zahlungskräftige Ecke") abgestimmt.
- "New Game"[106]: Denkbar ist auch, durch eine kreative Neuerung aus den bisherigen Imagedimensionen gleichsam "auszubrechen". Wenn etwa ein Produkt auf den Markt gebracht wird, das so unvergleichbar zu den bisherigen Angeboten ist, daß die traditionellen Beurteilungsschemata dem neuen Produkt nicht mehr gerecht werden, werden sich bei den Kunden generell neue Einstellungsdimensionen bilden. Dann trifft das gesamte Positionierungsmodell nicht mehr zu, die Positionen werden neu verteilt.

---

[106] Der Begriff stammt eigentlich aus dem Bereich der strategischen Unternehmensplanung und wurde von McKinsey eingeführt. Er bezeichnet Strategien, die darauf gerichtet sind, Märkte oder Teilmärkte durch Innovationen so zu verändern, daß das Unternehmen seine Stärken besser zur Geltung bringen kann. Vgl. dazu als Überblick: Trux et al. (1984), S. 151ff.

Es gibt also eine Vielfalt an Möglichkeiten, Ergebnisse aus Imageerhebungen und Positionierungsmodellen in Maßnahmen umzusetzen. Dennoch wird in vielen Fällen die Veränderung des Image und damit der Positionierung eine besonders wichtige Maßnahme im Maßnahmenkatalog eines Anbieters sein.

**Positionierungsstrategien**

Vor dem Hintergrund des klassischen Positionierungsmodells entwickelt Kroeber-Riel vier Regeln für die Konzeption einer Positionierungsstrategie:[107]

- Besonderheiten des Angebotes herausstellen: Die Werbung sollte einzelne Besonderheiten des Produktes besonders hervorheben. Um diese Besonderheiten zu finden, kann zum einen an den sachlichen und funktionalen Eigenschaften des Produktes angesetzt werden und zum anderen an Erlebnissen, die mit dem Produkt in Verbindung stehen.
- Für den Konsumenten attraktiv sein: Die durch Werbung herausgestellten Besonderheiten müssen für die Kunden wahrnehmbar und verstehbar sein und vor allem einen wichtigen Einfluß auf die Kaufentscheidung haben. Ausgangspunkt müssen also die Motive und Einstellungen der Kunden sein und nicht die Eigenschaften des Produktes.
- Sich gegenüber der Konkurrenz abheben: Es hat wenig Sinn, sich in einem Bereich zu positionieren, der bereits durch starke Wettbewerber belegt ist. Das eigene Angebot muß einen für die Kunden wahrnehmbaren Unterschied zu anderen Angeboten haben. Dieser Unterschied muß so relevant sein, daß er eine hinreichende Anzahl von Kunden dazu veranlaßt, die eigene Marke statt einer Konkurrenzmarke zu wählen.
- Langfristige Positionen aufbauen: Bei jeder Imagemessung zeigen sich Unterschiede zwischen dem eigenen Image und dem Idealimage oder dem Image der Konkurrenz. Aus diesen Unterschieden, die auch als Imagedefizite aufgefaßt werden können, sollte man jedoch nicht vorschnell ableiten, daß die Werbung darauf zu richten sei, das Defizit abzubauen. Diese

[107] Vgl. zum folgenden Kroeber-Riel (1993), S. 45ff..

Strategie wäre rein reaktiv, die Werbethemen müßten sich häufig und mit jedem neu gefundenen Defizit ändern. Keine klare Position könnte aufgebaut werden. Statt dessen sollte langfristig und kontinuierlich eine eigenständige Position angestrebt werden. Imagedefizite können höchstens nebenbei ausgeglichen werden, ohne die langfristige Strategie zu verlassen.

### Wandel von Einstellungen durch Werbung

Um eine Positionierungsstrategie umzusetzen, müssen alle Instrumente des Marketing auf die angestrebte Position ausgerichtet werden. Werbung ist dabei nicht das einzige Instrument für eine Wandlung der Einstellungen. Technische Änderungen am Produkt beispielsweise, die von den Kunden wahrgenommen werden, führen häufig zu einer subjektiven Neubewertung des Produktes, also zu einer Veränderung der Einstellungen. Aber auf jeden Fall hat die Werbung hier einen Beitrag zu leisten.

Wir wollen nun untersuchen, ob und wann die Werbung Chancen hat, Einstellungen zu verändern. Generell muß man davon ausgehen, daß sich Einstellungen nur langsam wandeln. Mißerfolge von Anbietern, die dies nicht beachteten und häufig ihre Positionierung wechselten, sind warnende Beispiele[108]. Wie wandlungsfähig Einstellungen sind, kann differenziert betrachtet werden.

Hofstätter (1963) hat untersucht, wie sich die Art der Einstellung auf ihre erlebte Intensität und Stabilität auswirkt. In einer größeren Gruppe sieht es meistens so aus, daß sehr viele Personen eine bestimmte Einstellung haben, die dann in der Regel als gemäßigt bezeichnet wird. Die stark abweichenden Einstellungen - nur von wenigen vertreten - gelten als extrem oder radikal. Zwischen der Häufigkeit, mit der eine Einstellung vertreten wird, und der Intensität, mit der sie vertreten wird, besteht eine recht enge Beziehung. Sie wurde in verschiedenen Untersuchungen nachgewiesen. Vereinfacht läßt sich diese Bezie-

[108] Vgl. Kroeber-Riel (1993), S. 50.

hung graphisch so aufzeigen, wie Abbildung 55 zeigt. Dort ist zu sehen, daß die gemäßigte, mittlere Einstellung, die von vielen geteilt wird, nur mit geringer Intensität vertreten wird. Sie ist die "normale", die "selbstverständliche", die "man" einfach hat, ohne sich darüber besondere Gedanken zu machen. Besonders intensiv werden dagegen die extremen, die radikalen Einstellungen vertreten. Da nur wenige sie teilen, erleben sich ihre Vertreter bewußt als Oppositionelle, die mit einem gewissen Trotz und damit intensiv zu ihrer Einstellung stehen.

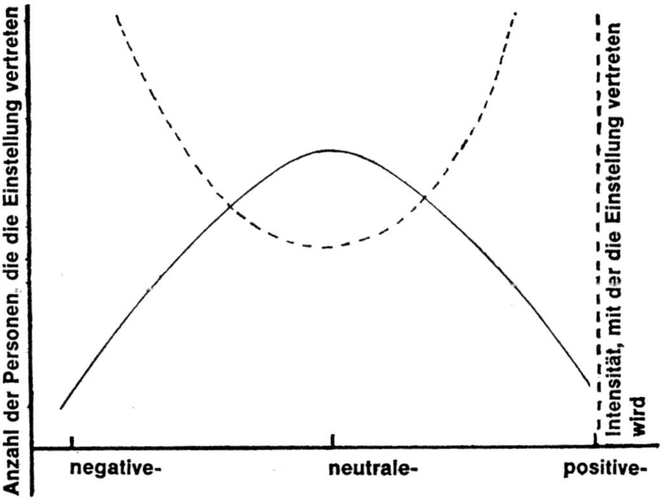


Abbildung 55: Beziehung zwischen der Radikalität der Einstellung und der Intensität, mit der sie vertreten wird

Für uns ist die Frage besonders interessant, welche Einstellungen leicht zu verändern sind. Es wäre ein Irrtum, einfach anzunehmen, daß es jene sind, die mit der geringsten Intensität vertreten werden. Geringe Intensität ist nicht gleich Labilität. Hofstätter hat versucht, aus der Häufigkeit, der Extremität und der Intensität von Einstellungen auf deren Labilität beziehungsweise Stabilität zu schließen. Das Ergebnis dieser Überlegungen läßt sich wiederum ins Graphische übersetzen, wie es in Abbildung 56 geschieht.

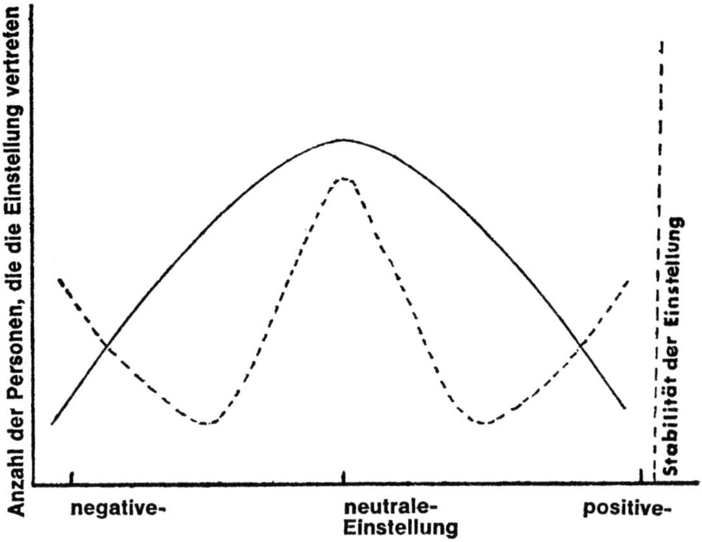


Abbildung 56: Beziehung zwischen der Radikalität der Einstellung und ihrer Stabilität

Abbildung 56 zeigt deutlich, daß die Einstellungen dann am labilsten sind, wenn sie sich von der Mitte entfernen, aber noch keine radikalen Positionen einnehmen. Das leuchtet besonders ein, wenn man sich das an einem Beispiel aus unserem Bereich verdeutlicht. Es ist wahrscheinlich, daß sich Personen infolge einer Behauptung wie "Der VW-Golf ist immer eine gute Wahl. Ein lange bewährtes Auto, das so viele wählen, ist eine ausgereifte Konstruktion" nur schwer von ihrer Kaufentscheidung abbringen lassen, obwohl sie ihre Einstellung sicher mit geringer Intensität vertreten. Sie fühlen sich einfach bestätigt durch die offensichtlich große Anzahl Gleichdenkender.

Es ist ebenfalls leicht nachzufühlen, daß die relativ kleine Anzahl von Personen, die einer Behauptung wie "Der VW-Golf ist doch ein völlig spießiges Vehikel. Den kaufen die Leute doch nur wegen ihres Herdentriebes" zustimmt, angesichts der erheblichen Intensität, ja trotzigen Aggressivität, die hinter dieser Aussage steht, kaum umzustimmen sein wird. Auch für Personen, die entgegengesetzte extreme Meinungen vertreten wie etwa "Der VW-Golf ist die einzig mögliche Entscheidung; alle anderen Wagen

dieser Preisklasse sind ja doch nur Klapperkisten, die nach 50 000 Kilometern auseinanderfallen" dürfte ähnliches gelten.
Dagegen wird jemand, der einer Behauptung wie "Die Konkurrenz hat den Vorsprung des VW-Golf inzwischen aufgeholt" folgt, für die Werbung des Volkswagenwerkes aber auch die der Konkurrenz offen sein. Ähnliches gilt für Anhänger einer Behauptung wie: "Der Kauf eines VW-Golfs ist noch immer die eindeutig beste Entscheidung. Solange mir niemand das Gegenteil beweist, halte ich ihn für das wirtschaftlichste und zuverlässigste Fahrzeug seiner Klasse." Menschen mit einer gemäßigten und kritischen Einstellung werden stärker als andere auf neue Informationen achten, da sie sich weder unkritisch einer Mehrheitsmeinung anschließen noch sich in trotziger Opposition verhärten.
Für die Werbung lassen sich daraus folgende Empfehlungen ableiten:

- Mit einstellungsrelevanten sachlichen Informationen sollten gezielt solche Personen angesprochen werden, die in kritischer Weise ihre Einstellungen bilden. Dies sind häufig (nicht immer) hoch involvierte Personen. Sie lassen sich beispielsweise unter den Lesern bestimmter Fachzeitschriften finden.
- Produkte, die in einer "extremen Ecke" des sozialen Feldes positioniert werden, können zwar nur auf eine kleine, dafür aber stabile Kundschaft hoffen. Produkte, die von Personen mit extremen Einstellungen gewählt werden, bringen die Individualität ihrer Käufer besonders zum Ausdruck. Für Massenanbieter hat es wenig Sinn, diese Personen zu umwerben.
- Bei der Neugestaltung des Image könnte geprüft werden, wie stabil die bisherigen Einstellungen sind. Wenn Einstellungen geändert werden sollen, die sich stark verfestigt haben, ist zu überlegen, diese zunächst aufzuweichen, indem ein kritisches Bewußtsein geschaffen wird. Danach dürfte es leichter sein, das Produktimage zu wandeln.

**Reaktanz als Widerstand gegen die Beeinflussung von Einstellungen**

Ein wichtiges Hindernis, das bei jeglicher Art von Beeinflussung auftauchen kann, ist das Phänomen der "Reaktanz"[109]. Dieses Phänomen wollen wir an dieser Stelle diskutieren, da es besonders leicht auftritt, wenn Werbung allzu heftig versucht, das Individuum in seinen Einstellungen zu beeinflussen. Reaktanz (dieser Begriff deckt sich in weiten Teilen mit dem umgangssprachlichen Begriff "Trotz") ist die Gegenwehr, die einsetzt, wenn sich der einzelne in seinem Freiraum unangemessen eingeengt fühlt.[110]

Der Versuch, einen Menschen in seinen persönlichen Einstellungen zu beeinflussen, ist eine Einschränkung seines Freiraumes. Wenn man den Betreffenden für eine bestimmte Meinung gewinnen will, heißt dies automatisch, daß man ihn von anderen möglichen Meinungen abbringen will. Dadurch wird dem einzelnen mehr oder weniger stark die Freiheit, andere Meinungen zu haben, eingeschränkt. Wenn bei der Person Reaktanz hervorgerufen wird, wird sie bemüht sein, ihre gedankliche Freiheit wiederherzustellen, indem sie bewußt oder unbewußt die gegenteilige Meinung einnimmt und vertritt.

Reaktanz muß keineswegs bei jeder Beeinflussung auftreten. Ihr Auftreten wird um so eher wahrscheinlich und um so stärker[111]

- je höher die Person subjektiv den Beeinflussungsdruck wahrnimmt,
- je wichtiger der Person die zu beeinflussende Einstellung ist (je mehr die Person ihre Persönlichkeitssphäre verletzt sieht),
- je weiter die Meinung des Beeinflussenden von der Meinung der Person abweicht und
- je mehr Handlungsmöglichkeiten auf Basis dieser Meinung ausgeschlossen werden.

Ob sich der einzelne einer Beeinflussung widersetzt, hat also wenig damit zu tun, ob die Argumente sachlich richtig sind, son-

---

[109] Brehm (1966).
[110] Vgl. auch Schönpflug/Schönpflug (1989), S. 32.
[111] Vgl. zum folgenden Kroeber-Riel (1992), S. 214.

dern vielmehr, ob sich der einzelne bedrängt fühlt. Spitzfindige Überzeugungsversuche, überlegen vorgetragen, bewirken daher oft, daß der auf diese Weise Bedrängte um so leidenschaftlicher an seiner Meinung festhält, auch wenn die vorgetragenen Argumente noch so einleuchtend und klar sind. Beispiele für Werbung, die hohen Beeinflussungsdruck aufbaut und damit leicht Reaktanz erzeugt, sind:

- harte Aufforderungen ("Kaufen Sie Produkt X und kein anderes!")
- häufige Wiederholungen in kurzen Abständen
- offensichtliche "Psychotricks" ("Dieses einmalige Sonderangebot gilt nur noch heute!")
- Herabsetzung anderer Meinungen und Einstellungen ("Fahrer der Marke XY sind alle Spießer!")

Um mit dem Reaktanzphänomen umzugehen, gibt es für die Werbung zwei Strategien. Zum einen kann versucht werden, bewußt Reaktanz auszulösen, um Konkurrenten die Beeinflussung zu erschweren. Die zweite (damit kombinierbare) Strategie besteht darin, die eigene Beeinflussungsabsicht zu verschleiern, um hier Reaktanz zu vermeiden. Möglichkeiten, den wahrgenommenen Beeinflussungsdruck zu verringern, ohne die tatsächliche Beeinflussungsabsicht aufzugeben sind beispielsweise:

- Scheinbare Abwendung vom Verkaufsziel. Beispiele: "Wir haben in erster Linie das Interesse unserer Kunden im Auge." "Vergleichen Sie, bevor Sie sich entscheiden!"
- Scheinbar sachliche Information. Beispiele: Aufmachung der Anzeige in Form eines Zeitungsartikels. Längere Fließtexte in Anzeigen, die eine Fülle von sachlichen Argumenten vortäuschen.
- Verwendung glaubwürdiger Quellen. Beispiele: In der Werbung tritt eine vertrauenswürdige, prominente Persönlichkeit auf. Ärzte empfehlen ihren Patienten bestimmte Medikamente. Die Werbebotschaft wird in einem regulären Zeitschriftenartikel

redaktionell untergebracht.[112] Zeitschriftenartikel über bestimmte Probleme können auch dazu dienen, vorhandene Einstellungen durch eine Erhöhung des Problembewußtseins "aufzuweichen". Im Umfeld des Artikels plazierte Werbung hat eine größere Beeinflussungschance.[113]

- Ablenkung. Beispiel: Bither führte hierzu ein Experiment mit Werbefilmen über eine Automarke durch (Ablenkung durch französischen Akzent des Sprechers, nicht zum Text passende Bildszenen). Die ablenkenden Filme führten bei den Versuchspersonen zu einer stärkeren Einstellungsänderung als die nicht ablenkende Version. Allerdings wurden nur Anhänger von Konkurrenzmarken, also mit abweichenden Meinungen untersucht. Ablenkende Reize erschweren das Verständnis der Schlüsselbotschaft.[114]
- Verwendung von Bildern und Beispielen: Bilder und auch bildähnliche Texte werden generell anders verarbeitet als Sachinformationen und unterlaufen leichter die kognitiven Kontrollmechanismen, die Reaktanz auslösen können.

## 7.4. Messung von Einstellungen bzw. Image

*Dieses Kapitel*
- stellt verschiedene Verfahren zur Einstellungsmessung vor und
- beurteilt ihre Verwendungsmöglichkeiten.

Alle praktischen Überlegungen zu Image und Positionierung sind letztlich nur möglich, wenn man sich zuvor möglichst genaue

[112] Auch in Deutschland gibt es bei bestimmten Zeitschriften die Praxis, redaktionelle Beiträge über bestimmte Probleme ausschließlich auf Basis von Information eines Anbieters zu gestalten. Beispielsweise wird ein Beitrag über die gesundheitlichen Gefahren von Vitaminmangel gedruckt, für den ein Hersteller eines Vitaminpräparates die Hintergrundinformation bereitstellt und mit einer größeren Anzeige (meist im Umfeld des Artikels) "bezahlt".

[113] Vgl. Yi (1990).

[114] Vgl. Bither (1972).

Kenntnis über die Einstellungen der relevanten Kundengruppen gemacht hat. Die Notwendigkeit einer empirischen Messung ist also für das Thema "Image" sofort einsichtig. Einstellungen werden überwiegend durch Befragung gemessen. Andere Meßverfahren sind aber durchaus möglich, wenn auch nicht üblich. Es werden im folgenden einige Beispiele für Einstellungsmeßverfahren vorgestellt.

**Eindimensionale Messung**

Die einfachste Form, Einstellungen zu messen, besteht in einer eindimensionalen Messung. Abbildung 57 stellt zwei Beispiele einer eindimensionalen Einstellungsmessung dar. In den beiden Beispielen werden unterschiedliche "Skalen" verwendet. Im oberen Beispiel enthält die Skala mehrere Antwortmöglichkeiten, die zudem in einer festen Reihenfolge (1<2<3...<7) stehen. Die Endpunkte der Skala sind durch Begriffe näher in ihrer Bedeutung beschrieben (1=sehr gut; 7=sehr schlecht).

Das untere Beispiel enthält mehrere Behauptungen, die jeweils auf einer sehr viel einfacheren Skala (stimme zu; stimme nicht zu) zu beantworten sind. Die Behauptungen sind jedoch so gewählt, daß sie in einer Art aufsteigenden Reihenfolge stehen, so daß die sieben Behauptungen in eine einzige siebenstufige Skala überführt werden können. Dem im oberen Beispiel angekreuzten Wert entspricht im unteren Beispiel die Aussage, der der Beantworter gerade noch bereit ist zuzustimmen. Die untere Skala wird "soziale Distanzskala"[115] genannt.

Erfahrungsgemäß kommen bei Messungen mit verschiedenen Skalen recht unterschiedliche Ergebnisse heraus. Dies ist nicht verwunderlich. Ähnlich wie die menschliche Wahrnehmung ist auch die "wissenschaftliche Wahrnehmung" nicht ein exaktes Abbild der Realität, sondern beruht auf Vorwissen. Messungen werden mit bestimmten Instrumenten durchgeführt, die immer auf gewissen Annahmen beruhen. Empirische Meßinstrumente bestehen sozusagen aus Theorie. Theorien aber, das haben wir in Kapitel 3 diskutiert, sind Vermutungen

---

[115] Bogardus (1968).

über die reale Welt. Der Theoriegehalt der Meßinstrumente schlägt sich unweigerlich in den Meßergebnissen nieder. Gemessene Images sollten vor diesem Hintergrund nicht als Tatsachen, sondern allenfalls als Annäherungen an die Realität angesehen werden.

Wie schätzen Sie Zigaretten der Marke X ein?

| sehr gut | 1 | 2 | 3 | 4 | 5 | 6 | 7 | sehr schlecht |
|---|---|---|---|---|---|---|---|---|

| | Stimme zu | Stimme nicht zu |
|---|---|---|
| 1. Ich würde nur X-Zigaretten rauchen; andere Zigaretten kämen für mich gar nicht in Frage. | ☐ | ☐ |
| 2. Ich würde selbst dann X-Zigaretten rauchen, wenn sie etwas teurer als andere wären. | ☐ | ☐ |
| 3. Es ist mir zwar relativ gleichgültig, welche Zigarette ich rauche, aber wenn ich vor der Wahl stehe, nehme ich lieber X-Zigaretten. | ☐ | ☐ |
| 4. Es ist mir völlig gleichgültig, ob ich nun X-Zigaretten rauche oder nicht. | ☐ | ☐ |
| 5. Es ist mir zwar relativ gleichgültig, welche Zigarette ich rauche, aber wenn ich vor der Wahl stehe, nehme ich lieber keine X-Zigaretten. | ☐ | ☐ |
| 6. Ich würde selbst dann keine X-Zigaretten rauchen, wenn sie etwas billiger als andere wären. | ☐ | ☐ |
| 7. Ich würde niemals X-Zigaretten rauchen; für mich kommen nur andere Zigaretten in Frage. | ☐ | ☐ |

Abbildung 57: Zwei Beispiele einer eindimensionalen Messung der Einstellung gegenüber einem Produkt

## Mehrdimensionale Messung

Eindimensionale Messungen sind naturgemäß wenig differenziert, wodurch man den verschiedenen Komponenten von Einstellungen wenig gerecht wird. Ein Instrument zur mehrdimensionalen Messung von Einstellungen haben wir bereits oben bei der Besprechung der Studie zum Image zweier Zigarettenmarken von Hofstätter/Lübbert (S. 165) vorgestellt: das Polaritätenprofil. Bei einem *"Polaritätenprofil"* bzw. *"semantischen Differential"*[116] werden jeweils Gegensatzpaare auf einer fünf- bis siebenstufigen Skala vorgelegt. Es ist sinnvoll, Gegensatzpaare aus verschiedenen Bedeutungsbereichen zu wählen. Dabei sollte gleichzeitig jeder Bedeutungsbereich durch mehrere Gegensatzpaare reprä-

[116] Dieses wurde von Osgood et al. (1957) entwickelt.

sentiert sein, um kleinere Fehler bei der Beantwortung, die etwa durch unterschiedliches Verständnis eines Gegensatzpaares durch verschiedene Beantworter entstehen, auszugleichen. Die einzelnen Gegensatzpaare lassen sich mit Hilfe eines statistischen Verfahrens (Faktorenanalyse) auf wenige Dimensionen reduzieren. Häufig dürften sich drei Dimensionen ergeben:[117]

Bewertung (z. B. gut...schlecht, wertvoll...wertlos)
Kraft (z. B. stark...schwach, groß...klein)
Aktivität (z. B. aktiv...passiv, schnell...langsam)

Die Polaritäten des Polaritätenprofils sind in der Regel eher assoziativ denn logisch mit dem zu beurteilenden Gegenstand verknüpft.
Ein stärker an logischen Zusammenhängen orientiertes Vorgehen erlaubt eine Messung der Einstellungen nach einem der oben (S. 163) vorgestellten *Modelle* (VIE-Theorie, Modell von Fishbein, Modell von Trommsdorff). Dazu werden die einzelnen Elemente des Modells getrennt abgefragt und danach zu einem einheitlichen Einstellungsmaß verrechnet. Abbildung 58 illustriert beispielhaft eine Messung des Image nach dem Modell von Trommsdorff.

(1) Wie sparsam ist der Opel Kadett?
überhaupt nicht sparsam ☐☐☐☐☐ sehr sparsam
Wie sparsam ist das ideale Auto dieser Klasse?
überhaupt nicht sparsam ☐☐☐☐☐ sehr sparsam

(2) Wie komfortabel ist das ideale Auto dieser Klasse?
überhaupt nicht komfortabel ☐☐☐☐☐ sehr komfortabel
Wie komfortabel ist das ideale Auto dieser Klasse?
überhaupt nicht komfortabel ☐☐☐☐☐ sehr komfortabel

•
•
•

(n) Wie sportlich kann man mit dem Opel Kadett fahren?
überhaupt nicht sportlich ☐☐☐☐☐ sehr sportlich
Wie sportlich kann man mit dem idealen Auto dieser Klasse fahren?
überhaupt nicht sportlich ☐☐☐☐☐ sehr sportlich

Verrechnung der Daten:
1. Für jedes Merkmal eine betragsmäßige Differenz aus der Beurteilung des Produktes und der Beurteilung des idealen Produktes bilden.
2. Diese betragsmäßigen Differenzen über alle Merkmale aufsummieren.
Je kleiner der errechnete Zahlenwert ist, desto besser ist der Einstellungswert.

Abbildung 58: Einstellungsmessung nach dem Modell von Trommsdorff (entnommen aus: Trommsdorff, 1993, S. 160.)

[117] Vgl. Bergler (1975).

Der Vorteil dieser Vorgehensweise liegt darin, daß genau analysiert werden kann, aus welchen Einzelelementen sich eine positive oder auch weniger positive Einstellung zusammensetzt. Diese Modelle liefern damit relativ detailliert Ansatzpunkte für die Verbesserung des Image.

**Schwer durchschaubare Verfahren**

Direkte Befragungen sind für die Versuchsperson leicht durchschaubar. Diese Durchschaubarkeit des Untersuchungszieles fördert Antworttendenzen, vor allem, wenn es um Themen geht, die starken sozialen Normen unterliegen. Diesen Tendenzen kann mit Verfahren entgegengewirkt werden, die für die Befragten schwerer zu durchschauen sind. Diese Verfahren eignen sich nicht nur zur Einstellungsmessung, sondern z. B. auch zur Messung von Motiven, die ja auch Antworttendenzen im Sinne der sozialen Erwünschtheit unterliegt. Beispiele schwer durchschaubarer Verfahren sind:

- Projektive Verfahren: Hierbei werden den Versuchspersonen beispielsweise Bilder vorgelegt, die eine Handlung zeigen, in der der Einstellungsgegenstand einbezogen ist. Die Versuchspersonen sollen dann erzählen, was sich in dem Bild gerade abspielt. ("Bilder-Erzähl-Test").[118] Ein ähnliches Verfahren ist der "Ballontest" in der die Versuchsperson einer comicähnlichen Figur Worte über den Einstellungsgegenstand in den Mund legen soll.
- Zuordnungsverfahren: Die Versuchspersonen sollen dem Produkt, zu dem die Einstellungen gemessen werden sollen, bestimmte Attribute zuordnen. Beispielsweise sollen alternativ vorgegebene Preise, Geschäftsräume, Personen oder Situationen dem fraglichen Produkt zugeordnet werden.[119] Das Einkaufslistenverfahren, bei dem die Versuchspersonen einer Einkaufsliste einen Hausfrauentyp zuordnen sollen, ist ein Beispiel für ein solches Verfahren.
- Vorgebliche Wissenstests: Ein Beispiel dafür ist ein Lückentext, den die Versuchsperson ergänzen soll. Dieser könnte etwa so

[118] Vgl. z. B. Murray (1938).
[119] Vgl. Jaspert (1963), Spiegel (1970).

beginnen: "Der Opel Astra ist ein ... Auto. Er wird hauptsächlich von ... gefahren. Verglichen mit dem VW Golf ist er zwar ..., muß aber andererseits als ... bezeichnet werden. (...)" Eine andere Möglichkeit besteht darin, den Probanden zwei Antworten auf eine Frage vorzulegen, die beide falsch sind. Die Richtung des zwangsläufig gemachten Fehlers weist auf die Einstellungen hin ("Error-Choice-Technik"[120]).

**Multidimensionale Skalierung**

Ein Verfahren, das ebenfalls wenig Antworttendenzen provoziert, ist die Einstellungsmessung mit Hilfe der Multidimensionalen Skalierung. Ein zweiter Vorteil dieses Verfahrens besteht darin, daß hier keine festen Dimensionen vorgegeben werden, sondern vielmehr die relevanten Dimensionen des Image im nachhinein durch ein statistisches Verfahren ermittelt werden können.[121] Dabei wird folgendermaßen vorgegangen:

1. Die Versuchspersonen geben Urteile über verschiedene Gegenstände ab.
2. Es wird ein statistisches Modell erstellt, das Dimensionen angibt, aus denen sich in möglichst konsistenter Weise die Kombinationen der Urteile nachzeichnen lassen.
3. Die Dimensionen, die nur "Zahlenwerk" sind, müssen inhaltlich interpretiert werden. Diese Interpretationen können als die Kriterien gelten, nach denen die Versuchspersonen ihre Urteile gebildet haben.

**Messung der Kaufwahrscheinlichkeit**

Gelegentlich wird zum theoretischen Einstellungskonzept neben der kognitiven und emotionalen Komponente auch eine Handlungstendenz hinzugerechnet. Für die Fragestellung der Werbepsychologie besteht die Handlungstendenz im wesentlichen in der Kaufbereitschaft. Die Kaufbereitschaft ist ein Maß, das sehr nah an dem tatsächlichen Kaufverhalten liegt und daher besonders gut geeignet, dieses vorauszusagen. Dennoch muß

---

[120] Vgl. Hammond (1948).
[121] Vgl. etwa Trommsdorff (1993), S. 168.

man sich vor Augen halten, daß die geäußerte Kaufbereitschaft nicht gleichzusetzen ist mit dem tatsächlichen Kauf. Kaufbereitschaft ist "nur" eine Einstellungsmessung, die wiederum eindimensional und damit wenig differenziert ist.
Einige Meßverfahren für die Kaufbereitschaft hat Axelrod (1968) unter anderem hinsichtlich ihrer Vorhersagezuverlässigkeit für das Kaufverhalten untersucht (für Konsumgütermarken bei 2 x 200 Hausfrauen). Untersucht wurden folgende Verfahren:

- Kaufabsichtsskala: Mehrstufige Skala mit den Endpolen "werde ich bestimmt kaufen ... werde ich unter keinen Umständen kaufen".
- Kaufspiel: Die Kaufsituation wird im Labor nachsimuliert.
- Lotteriemethode: Die Versuchsperson soll ihre Wunschmarke im Falle eines Lotteriegewinns wählen.
- Skala der konstanten Summe: Die Versuchsperson soll eine bestimmte Summe (meist einen bestimmten Geldbetrag) auf verschiedene Marken verteilen.
- Paarvergleich: Die Marken werden paarweise verglichen.
- Methode der ersten und zweiten Wahl: Die Versuchsperson soll ihre präferierte Marke und eine Ersatzmarke angeben.
- Methode des erzwungenen Markenwechsels: Die Versuchsperson soll angeben, welche Marke sie wählte, wenn ihre Lieblingsmarke nicht verfügbar wäre.

Daneben prüfte Axelrod auch Verfahren, die nicht die Kaufabsicht, sondern eher allgemein die Einstellung gegenüber einer Marke messen:

- Anzeigenerinnerung/Markenbewußtsein: Die Versuchspersonen sollen angeben, an welche Anzeigen oder Marken sie sich erinnern. Aus der Reihenfolge der Erinnerung wird auf die Einstellungen geschlossen.
- Rating-Skala: Die Markenpräferenz soll auf einer eindimensionalen Skala eingestuft werden.

Nicht alle Verfahren wurden bezüglich ihrer Vorhersagezuverlässigkeit untersucht. (Es wurde auch die Sensitivität der Meßverfahren für die Beeinflussung durch Werbung untersucht.) Wie gut die Verfahren das tatsächliche Kaufverhalten, das in einem zweiten Interview erfragt wurde, vorhersagen, zeigt Abbildung 59.

| Rang | Meßverfahren | Messung positiv und Kauf festgestellt | Messung positiv und kein Kauf festgestellt |
|---|---|---|---|
| 1 | Lotterie | 43% | 3% |
| 2 | Meth. der ersten Markenwahl | 43% | 5% |
| 3 | Skala der konstanten Summe | 37% | 2% |
| 4 | Paarvergleich | 35% | 3% |
| 5 | Kaufspiel | 35% | 5% |
| 6 | Markenbewußtsein | 33% | 6% |
| 7 | Anzeigenerinnerung | 24% | 8% |

Abbildung 59: Vorhersage von Kaufverhalten durch verschiedene Meßverfahren der Kaufbereitschaft

Die Ergebnisse in Abbildung 59 zeigen, daß sich mit verhaltensnahen Einstellungsmessungen das Kaufverhalten recht gut voraussagen läßt.

# 8. ENTSCHEIDUNGSVERHALTEN

Nachdem es der Werbung gelungen ist, die Wahrnehmungsschwelle zu überwinden, der Konsument die Produktvorteile gelernt hat, es gelungen ist, kaufentscheidende Motive so anzusprechen, daß der betreffende Konsument eine positive Einstellung zum Produkt gewinnt, dann darf man davon ausgehen, daß der Konsument das Produkt schließlich auch kauft. Aber war da nicht noch etwas? Der Konsument muß sich zunächst für das Produkt entscheiden, bevor er es kauft!?

Nach unserem "S-O-R-Modell", das wir unseren bisherigen Überlegungen zugrundegelegt haben, gibt es strenggenommen keine Entscheidung des Konsumenten. Die Logik dieses Modells funktioniert so, daß die Werbung (und andere marketingpolitische Instrumente) bestimmte Stimuli aussenden, auf die der Konsument reagiert. Wie er reagiert, hängt von verschiedenen Organismusvariablen (Wahrnehmungsprozesse ... Einstellungen) ab. Eine Entscheidung, die auf einem freien Willen basiert, paßt hier nicht so richtig ins Bild.

Die Vorstellung eines frei entscheidenden Individuums stellt das S-O-R-Modell gleichsam auf den Kopf: Nicht die Werbung wirkt durch Stimulusinformation auf das Individuum ein, das mit Kauf reagiert, sondern ein Individuum faßt den Willen, ein Produkt zu kaufen und sammelt Informationen, um die richtige Marke auszuwählen. Im S-O-R-Modell ist - pointiert gesagt - der Mensch passiv und durch Reize (unter anderem der Werbung) fremdbestimmt, nun haben wir eine Sichtweise eröffnet, in der der Mensch sich selbst bestimmt und aktiv Informationen sucht.

Es gibt eine Richtung in der Psychologie, die von dem zweiten Menschenbild ausgeht, sie wird "Kognitivismus" genannt. Im kognitivistischen Menschenbild werden vornehmlich Kognitionen, also Denkprozesse untersucht, die zum Handeln führen. Betrachtet man dagegen Reize und Reaktionen, steht das Verhalten (engl. "behavior"), das sich in Abhängigkeit von Reizbedingungen ergibt, im Vordergrund. Diese Richtung wird dementsprechend "Behaviorismus" genannt.[122]

Der Kognitivismus löst den Behaviorismus nicht ab. Vielmehr sind beide Richtungen gleichberechtigte Ansätze, die nebeneinander existieren. Oftmals - auch in der Psychologie - bekämpfen sich Anhänger verschiedener Richtungen regelrecht, weil sie den "besten" Ansatz finden wollen. Die Frage nach dem "besten" Ansatz ist aber wahrscheinlich falsch gestellt: Nicht ein Ansatz *ist* besser, sondern ein Ansatz *eignet* sich besser, ein bestimmtes Problem zu erklären. Für ein anderes Problem eignet sich ein anderer Ansatz besser. Sinnvoll ist also ein Nebeneinander verschiedener Ansätze, die es ermöglichen, die Welt aus verschiedenen Blickwinkeln zu betrachten.

Das S-O-R-Modell eignet sich sehr gut für den Blickwinkel der Werbung, denn für sie ist es ja vor allem interessant zu erfahren, wie die Adressaten auf ihre Botschaften (Stimuli) reagieren. Genau das leistet das S-O-R-Modell, das sich zudem sehr gut eignet, eher emotionale Prozesse abzubilden. Geht man dagegen vom Konsumenten aus, der auf verschiedene Informationsquellen zurückgreift, von denen nur eine die Werbeinformation ist, eignet sich eher eine kognitivistische Sichtweise. Auch in dieser Sichtweise können für die Werbung wichtige Erkenntnisse gewonnen werden. Besonders geeignet ist diese Sichtweise für die Untersuchung von Entscheidungsprozessen, denen wir uns hier zuwenden wollen.

Im einzelnen kann man sich einen Kaufentscheidungsprozeß, der *"vernünftig"* abläuft, in etwa folgendermaßen vorstellen:

1. Das Individuum erkennt ein bestimmtes Problem, das es durch eine Kaufhandlung lösen könnte.
2. Dazu legt das Individuum bestimmte Ziele oder Soll-Anforderungen fest, denen das zu kaufende Produkt genügen muß.
3. Es beschafft sich Informationen, um herauszufinden, welche Produkte überhaupt in Frage kommen und welche Eigenschaften diese Produkte haben.

---

[122] Diese Darstellung ist ein wenig vereinfacht. Vgl. zu den theoretischen Richtungen der Psychologie: Schönpflug/Schönpflug (1989), insbes. S. 26ff..

4. Auf Basis der Information bewertet das Individuum die Kaufmöglichkeiten danach, inwieweit die Produkte geeignet sind, die festgelegten Ziele zu erfüllen.
5. Zusätzlich schätzt das Individuum die Wahrscheinlichkeit ab, daß die vermutete Zielerfüllung tatsächlich erreicht wird. Es schätzt also die Risiken eines Irrtums ab.
6. Es wählt schließlich die Variante aus, die nach dem Grad der Zielerreichung und Risikoabschätzung optimal ist.
7. Es führt die getroffene Entscheidung aus und kontrolliert, ob der erwartete Erfolg auch eingetreten ist.

Ein Beispiel für einen solchen Kaufentscheidungsprozeß könnte sein:

1. Jemand stellt fest, daß er gerne Musik hört, dies aber zu Hause nicht richtig tun kann, weil sein altes Radio rauscht und knistert. Er glaubt, daß der Kauf einer HIFI-Anlage sein Problem lösen könnte.
2. Er überlegt sich, daß die Anlage vor allem einen guten Klang haben sollte. Sie sollte aber auch leicht bedienbar sein, da er technisch nicht besonders versiert ist. Preislich stellt er sich einen Rahmen von ca. DM 1500,-- vor. Aussehen und Größe der Anlage sind ihm weitgehend egal.
3. Er beschafft sich Werbeprospekte und Testberichte über HIFI-Anlagen und hört sich einige Modelle, die in die engere Wahl kommen, im Geschäft probeweise an.
4. Er bewertet die in Frage kommenden Modelle nach den Kriterien Klangqualität, Bedienungsfreundlichkeit und Preis.
5. Er versucht - allerdings ohne großen Erfolg - herauszubekommen, wie glaubwürdig die Informationen in den Prospekten und Testberichten sind und wie lange die Anlagen wohl halten werden, oder ob sie reparaturanfällig sind. Er entschließt sich dazu, den Testberichten die größte Glaubwürdigkeit zuzumessen.
6. Er wählt eine Anlage aus, die seinen Zielen gut entspricht und in Testberichten als zuverlässig beschrieben wurde.
7. Er kauft die Anlage, stellt sie zu Hause auf und hört sich eine Musiksendung im Radio an. Er stellt dabei fest, daß sich tat-

sächlich ein sehr schönes Klangerlebnis einstellt. Er erfreut sich an der Anlage und wendet sich einem anderen Problem zu.

Wir wollen nun untersuchen, ob Kaufentscheidungen tatsächlich so aktiv und rational getroffen werden, wie wir es uns soeben idealerweise vorgestellt haben. Dazu werden wir zunächst untersuchen, welchen Beschränkungen eine rationale Entscheidung unterliegt. Dann werden wir Entscheidungen untersuchen, die weniger rational ablaufen.

## 8.1. Beschränkungen rationaler Entscheidungen

*Dieses Kapitel*

- untersucht, welchen Verzerrungen und Beschränkungen auch vernunftgeleitete Entscheidungsprozesse unterliegen,
- stellt die kognitiven und emotionalen Verzerrungen für die einzelnen Phasen eines Entscheidungsprozesses überblicksartig dar und
- gibt Hinweise für die Gestaltung der Werbung, wobei besonders auf die Chancen einer Bezugnahme auf Auswahlregeln und einer Information nach dem Kauf hingewiesen wird.

Nahezu jeder hat bei sich selbst oder in seinem Bekanntenkreis einen Fall miterlebt, in dem eine HIFI-Anlage, ein Auto, ein Computer, eine Einbauküche oder etwas ähnliches in einem Entscheidungsprozeß gekauft wurde, der ganz ähnlich ablief, wie wir ihn soeben als idealen Entscheidungsprozeß beschrieben haben. Aber laufen Entscheidungsprozesse immer so geordnet und vernünftig ab, wie wir dies vielleicht gerne hätten, oder wirken hier nicht einige "irrationale" Elemente ein?

### Verzerrungen in Entscheidungsprozessen

Wir haben immer wieder betont, daß kognitive und emotionale Prozesse bei Wahrnehmung, Lernen, Motivation und Einstellungsbildung zusammenwirken. Dies gilt natürlich auch für das Fällen von Entscheidungen. Auch Entscheidungen, die bewußt rational getroffen werden, unterliegen Verzerrungen:[123]

- Emotionale Verzerrungen: Wie wir gesehen haben, wird bereits die Wahrnehmung durch Gefühle geleitet, bevor der Gegenstand überhaupt bewußt erkannt wird. Auch in späteren Phasen des Entscheidungsprozesses drängen Emotionen die Beurteilung und Auswahl in eine bestimmte (oder manchmal auch unbestimmte, Stichwort "Orientierungslosigkeit") Richtung. Sogar, wenn die Entscheidung getroffen ist und eigentlich "alles vorbei" sein müßte, wirken Emotionen nach, die sich nicht selten in einem Bedauern der getroffenen Entscheidung äußern.
- Kognitive Verzerrungen: Auch die sachlichen Beurteilungsprozesse - die man eigentlich ja gar nicht von der emotionalen Komponente trennen kann - laufen nicht streng rational ab. Die Entscheidungen werden verzerrt durch formallogisch nicht nachvollziehbare Schlüsse bei der Produktbeurteilung, durch Vereinfachungen bei der Informationssuche und Auswahl und durch ein gewisses "Durcheinander" der Entscheidungsphasen.

Als Gründe für diese Verzerrungen können Beschränkungen aus verschiedenen Bereichen gelten:
- Kognitive Beschränkungen: Komplexe Kaufentscheidungen sind Probleme, die sich nicht so einfach "im Kopf" lösen lassen. Die Informationsverarbeitungskapazität des Menschen setzt hier relativ enge Grenzen.
- Situative Beschränkungen: Für eine sorgfältige Entscheidung benötigt man einen gewissen Aufwand an Zeit und Mühe; in der Regel entstehen auch Kosten für die Beschaffung bestimmter Informationen (etwa Kosten für Testhefte). Dieser Aufwand kann nicht immer erbracht werden (z. B. Zeitdruck) oder ist nicht sinnvoll, weil Kosten und Nutzen einer sorgfältigen Entscheidung in keinem günstigen Verhältnis stehen.

[123] Vgl. auch Kroeber-Riel (1992), insbes. S. 296ff..

- Objektive Beschränkungen: Einige Kaufentscheidungen lassen sich gar nicht eindeutig richtig oder falsch treffen, etwa weil die zur Wahl stehenden Produkte zu wenig vergleichbar sind.
- Soziale Beschränkungen: Häufig steht der Entscheider auch unter einem sozialen Druck, den beispielsweise Verkäufer, Familienmitglieder, Freunde oder Vorgesetzte ausüben.

Die möglichen Verzerrungen im Ablauf der einzelnen Phasen einer Entscheidung wollen wir nun anhand unseres idealen Entscheidungsmodells näher betrachten.

**(1) Problemlösung ohne Problem**

Der Kauf eines Produktes ist geeignet, ein Problem zu lösen, sei es ein einfaches Problem wie Hunger oder ein eher komplexes Problem, wie es etwa der Beschaffung einer EDV-Anlage zugrunde liegen kann. Oftmals werden aber auch "Problemlösungen" gekauft, obwohl zuvor gar kein Problem existierte. Dies ist etwa bei Impulsivkäufen der Fall, für die nicht selten erst im nachhinein ein Problem definiert wird. (Beispiel: "Als ich das Kleid gesehen habe, ist mir eingefallen, daß ich eigentlich noch etwas zum Ausgehen brauche!")
Wie man das eher impulsive Kaufverhalten für die Werbung nutzt, werden wir etwas weiter unten näher betrachten.

**(2) Unklare bis nicht vorhandene Ziele**

Ohne eine Vorstellung von Soll-Anforderungen an das Produkt, ohne vorher festgelegte Maßstäbe ist es unmöglich, verschiedene Produkte konsistent zu bewerten und zu vergleichen. Die Ziele können nicht aus dem Produkt abgeleitet werden, sondern nur aus den persönlichen Motiven. Nur selten aber machen sich Konsumenten klar, was sie eigentlich genau von einem zu kaufenden Produkt erwarten. Statt dessen werden Produkte an Maßstäben verglichen, die bewußt oder unbewußt von anderen übernommen werden. (Beispiel: Jemand kauft einen "Testsieger" und übernimmt damit automatisch die Kriterien, die die Redakteure der Testzeitschrift angewendet haben.)

In dieser Situation ist es für die Werbung sinnvoll, die Anforderungen als sinnvolle Soll-Anforderungen zu kommunizieren, die den Eigenschaften des eigenen Produktes am besten entsprechen.

**(3) Unsystematische Informationsbeschaffung**

Systematisch Informationen zu beschaffen, bedeutet einen gewissen Aufwand, und in der Regel ist es allein deswegen nicht möglich, alle Informationen zu berücksichtigen. Man muß in der Informationsbeschaffung also Prioritäten setzen. Sinnvollerweise sollte daher zuerst die Information beschafft werden, die besonders aussagekräftig für das jeweilige Problem ist. In der Praxis wird aber nicht die relevante Information gesichtet, sondern die Information, die besonders leicht verfügbar und besonders leicht verstehbar ist. (Beispiel: Man schaut sich die Bilder in den Gratisprospekten an, anstatt langatmige Testberichte zu analysieren.)

Für die Werbung heißt dies zum einen, daß sie die Informationsbeschaffung für die Konsumenten erleichtert. Beispiele hierfür sind etwa Wurfsendungen oder Hausbesuche von Verkäufern. Zum anderen sollte die Information leicht verständlich aufbereitet werden; ein Thema, über das in den Kapiteln zu Wahrnehmung und Lernen bereits ausführlich diskutiert wurde.

**(4) Unzureichende Bewertung**

In dieser Phase werden auf rationale Weise Einstellungen gebildet, indem die in der Informationsbeschaffungsphase erhobenen Eigenschaften der Produkte anhand der Ziele bewertet werden. Dies muß notwendigerweise scheitern, wenn keine Ziele existieren und die Information über die Produkteigenschaften nur lückenhaft beschafft wird. Statt dessen wird in logisch unzulässiger Weise von Einzelinformationen auf die Gesamtqualität geschlossen. (Beispiel: Wir meinen häufig, daß "naturbelassene" Nahrungsmittel auch gesünder seien, obwohl "natürlich" und "gesund" zwei völlig verschiedene Eigenschaften sind.)

Eine besondere Rolle in der Produktbeurteilung nehmen sogenannte "Schlüsselinformationen" ein, die in der Wahrnehmung der Konsumenten verschiedene Informationen bündeln. Typische Schlüsselinformationen, die in hohem Maße die Gesamtbeurteilung beeinflussen, sind:[124]

- Urteil der Stiftung Warentest
- Markenname
- Preis
- Image des Geschäftes, in dem das Produkt angeboten wird

Für die Werbung bedeutet dies, daß sie daraufhin wirken sollte, gerade in diesen Schlüsselinformationen positive Botschaften zu transferieren. Erster Kandidat hierfür ist sicherlich der Markenname. Die Schaffung eines einheitlichen Markenimage wird daher nicht zu unrecht als eine der wichtigsten Aufgaben der Werbung angesehen.

### (5) Fehleinschätzung von Risiken

Es ist für uns Menschen offenbar besonders schwer, Risiken realistisch einzuschätzen. Dies dürfte damit zusammenhängen, daß Mut auf der einen und Angst auf der anderen Seite zwei besonders starke Emotionen sind, die das klare Denken "vernebeln". Typischerweise gehen eigene Erfahrungen und anschauliche Beispiele viel stärker in die Risikoabschätzung ein als abstrakte Statistiken. Einzelfälle werden stärker erlebt, obwohl sie statistisch in der Regel völlig irrelevant sind. (Jemand sieht im Fernsehen einen Flugzeugabsturz und nimmt von einer geplanten Fernreise Abstand. Statt dessen fährt er mit dem Auto in ein nahegelegenes Reiseziel. Der einzelne Absturz ändert nichts an der Tatsache, daß eine Flugreise erheblich sicherer ist als eine Autofahrt.)

Mit Statistiken läßt sich vielleicht logisch etwas beweisen, "psycho-logisch" beweisen sie nicht viel. Die Werbung sollte daher die Kommunikation statistisch abgesicherter Sachverhalte durch anschauliche Einzelfallschilderungen ergänzen.

---

[124] Vgl. zum folgenden Bleicker (1983), S. 17ff..

**(6) Vereinfachende Auswahlregeln**

Um die richtige Auswahl zu treffen, müßten die Ziele gewichtet werden und die verschiedenen Varianten anhand der Zielgewichte, des Beitrages zur Zielerreichung und des Risikos bewertet werden. Das ist ein so komplexes Unterfangen, daß es nicht mehr "im Kopf" zu bewältigen ist, sondern in der Regel schriftliche Analysen voraussetzt. Um wieviel leichter ist es da, anhand einfacher, aber logisch gesehen unzureichender Auswahlregeln auszuwählen. (Man hat die Wahl zwischen drei Produkten und kauft vorsichtshalber das teuerste, denn "das wird dann schon nicht schlecht sein". Oder man kauft das billigste, denn "da kann man am wenigsten falsch machen".)

Die Bedeutung von Auswahlregeln für die Produktwahl ist in der Werbepsychologie bisher kaum erforscht worden. Dabei läßt sich zeigen, daß die Produktwahl ganz entscheidend von der verwendeten Auswahlregel abhängt. Bleicker zeigt an einem hypothetischen Beispiel von drei Produkten mit jeweils drei betrachteten Eigenschaften, daß je nach Auswahlregel ein anderes Produkt gewählt wird. Wichtige Auswahlregeln sind:[125]

- Additive Regel: In die Auswahlentscheidung gehen alle Eigenschaften ein, die nach ihrer Wichtigkeit gewichtet werden. Ein Produkt hat gute Chancen, ausgewählt zu werden, wenn es in den wichtigen Eigenschaften gut ist. Mängel in einzelnen Eigenschaften können durch Stärken in anderen Eigenschaften kompensiert werden.
- Konjunktive Regel: Für jede betrachtete Eigenschaft existiert ein Anspruchsniveau. Gewählt wird das Produkt, das alle Ansprüche erfüllt. Wenn mehrere Produkte alle Ansprüche erfüllen, werden die Anspruchsniveaus sukzessive erhöht, so daß einzelne Produkte wieder herausfallen. Erfüllt kein Produkt alle Ansprüche, werden die Anspruchsniveaus gesenkt. Hier haben Produkte gute Chancen, die in allen Eigenschaften ausgewogen sind. Herausragende Stärken auf einzelnen Gebieten nutzen hier gar nichts.

---

[125] Vgl. zum folgenden Bleicker (1983), S. 29ff..

- Disjunktive Regel: Auch hier existieren Anspruchsniveaus, aber nicht alle Ansprüche müssen erfüllt werden. Gewählt wird das Produkt, das zumindest einen Anspruch erfüllt. Auch hier können Anspruchsniveaus "bei Bedarf" erhöht oder gesenkt werden. Diese Regel kann noch weiter vereinfacht werden, wenn nur nach einem einzigen Kriterium ausgewählt wird. Gute Chancen haben hier Produkte, die auf einer Eigenschaft einen herausragenden Wert erzielen.
- Lexikographische Regel: Der Konsument hat hier eine Rangordnung von Produkteigenschaften. Zunächst werden alle Produkte an der wichtigsten Eigenschaft gemessen. Ist ein Produkt in dieser Eigenschaft eindeutig besser, wird dieses ausgewählt. Ist das nicht der Fall, wird die nächstwichtige Eigenschaft zur Beurteilung herangezogen und so fort. Gute Chancen haben hier Produkte, die in der jeweils als am wichtigsten angesehenen Eigenschaft stark sind. Schwächen in anderen Eigenschaften spielen keine Rolle.
- Regeln mit Eliminierung: Hier geht es darum, inakzeptable Produkte auszusortieren. Dies kann etwa so geschehen, daß zunächst für das wichtigste Merkmal ein Anspruchsniveau festgelegt wird und alle inakzeptablen Produkte aus der weiteren Betrachtung ausgeschlossen werden. Die verbleibenden Produkte werden dann am nächstwichtigen Merkmal verglichen und so fort. Eine andere Möglichkeit ist eine Eliminierung durch paarweise Vergleiche, ähnlich einem Turnier nach dem k.o.-System. Hier kommt es stark auf die Reihenfolge der Paarvergleiche an.

Für die Werbung kann es durchaus lohnend sein, zu erforschen, welche Entscheidungsregeln in der Zielgruppe hauptsächlich angewendet werden. Die Werbung und vor allem auch die Produktgestaltung kann sich dann auf die Eigenschaften konzentrieren, die in der Auswahlregel ausschlaggebend sind. Die Werbung kann aber auch die Anwendung bestimmter, für das eigene Produkt vorteilhafter Entscheidungsregeln ihren Konsumenten nahelegen. Dies kann etwa geschehen, indem in Prospekten modellhafte Vergleiche eigener Produktvarianten untereinander oder eigener Produktvarianten mit hypothetischen Vergleichsprodukten vorgeführt werden.

# CosmosDirekt: Versicherungen billiger durch Direktabschluß

Immer mehr informierte Verbraucher entscheiden sich für CosmosDirekt: 1993 Bestand 15,8 Mrd. DM Versicherungssumme (+ 29,4 %)

## Direkt statt teuer

Wenn Sie Ihr Geld effektiv einsetzen wollen und Sie jede unnötig ausgegebene Mark ärgert, dann gehen Sie bei Versicherungen am besten den direkten Weg. Denn CosmosDirekt verzichtet auf teure Geschäftsstellen, auf Außendienst und Maklerverbindungen. Wir beraten Sie am Telefon, und Sie schließen ganz einfach per Post ab. Das spart Kosten und macht mehr aus Ihren Beiträgen.

Wer beruflich große Pläne hat, aber kein Risiko für seine Familie oder seine Partner eingehen will, schließt bei CosmosDirekt ab.

## Beispiel: Risiko-Versicherung

Risiko-Lebensversicherung über DM 200.000.– Monatsbeiträge für Eintrittsalter 25

| Laufzeit in Jahren | Tarifbeitrag DM | | zu zahlender „Nettobeitrag" * DM | |
|---|---|---|---|---|
| | Frauen | Männer | Frauen | Männer |
| 10 | 24.00 | 34.80 | 10.80 | 15.60 |
| 15 | 26.10 | 36.10 | 11.80 | 16.30 |

*Durch sofortige Gewinnbeteiligung. Die Überschußbeteiligung ist für das laufende Geschäftsjahr festgelegt und somit garantiert. Sie bleibt so lange unverändert, bis sie neu festgelegt wird. Für die gesamte Dauer kann sie nicht zugesagt werden.

## Rentable Kapitalbildung

Sie können die Risiko-Lebensversicherung ohne erneute Gesundheitsprüfung in den ersten 10 Jahren der Laufzeit in eine kapitalbildende Lebensversicherung umwandeln (z. B. zur Altersversorgung oder Hausfinanzierung).

## Die Presse bestätigt Spitzenpositionen

**Capital** Dezember 94 **Platz 1**

für CosmosDirekt in der Risiko-Lebensversicherung in „Capital" Dezember 94.
Spitzenplätze auch in „Finanztest Spezial Versicherungen" Oktober 93 der Stiftung Warentest.

## Auto-Niedrig-Tarif

Fordern Sie ein Angebot der Cosmos Versicherung AG an.

**Deckungskarten-Schnell-Service:**

**JET** An allen JET-Tankstellen und in allen Neckermann-Verkaufshäusern erhalten Sie gegen Vorlage Ihrer Eurocheque-Karte die Deckungskarte für Ihren PKW. **NECKERMANN**

## Erst vergleichen, dann abschließen

Bevor Sie eine Versicherung abschließen, sollten Sie sich auf jeden Fall ein Angebot von CosmosDirekt anfordern und genau vergleichen. Nur so können Sie sicher sein, kein Geld zu verschenken. Sie sehen schwarz auf weiß, um wieviel billiger unsere Versicherungen sind.

Auf eine persönliche Beratung, auch im Schadenfall, brauchen Sie nicht zu verzichten: wir sind jederzeit für Sie da.

**TAG- UND NACHT-TELEFON**
**06 81 / 9 66-66 66**

Telefax 06 81/9 66-66 33
Cosmos Lebensversicherungs-AG,
Halbergstraße 50, 66121 Saarbrücken

---

**Schicken Sie mir unverbindlich ein schriftliches Angebot:**
Cosmos Lebensversicherungs-Aktiengesellschaft, 66101 Saarbrücken

☐ **Risiko-Lebensversicherung**
________ DM ________ Jahre
Versicherungssumme Laufzeit
☐ mit Berufsunfähigkeits-Zusatzversicherung

☐ **Kapital-Lebensversicherung**
________ DM ________ Jahre
Versicherungssumme Laufzeit
☐ mit Berufsunfähigkeits-Zusatzversicherung

☐ **Steuern sparen** mit der Direktversicherung durch Gehaltsumwandlung (nicht für öffentlich Bedienstete und Beamte)

☐ **Wertpapier-Police**
(Fondsgebundene Lebensversicherung)
________ DM ________ Jahre
Monatsbeitrag Laufzeit

☐ **Rentenversicherung**
mit späterer Rentenzahlung
________ DM ________ Jahren
Monatsrente nach

☐ **Unfallversicherung**

☐ **Krankenversicherung**
☐ Pflegetagegeld **NEU**
☐ Krankentagegeld
☐ Krankenhaustagegeld

☐ **Privat- und Haus-Haftpflichtversicherung** **NEU**

☐ **Autoversicherung** Voll- und Teilkasko mindestens 1000.– DM Selbstbeteiligung

Name F0 611
Vorname Geburtsdatum
Straße
PLZ Ort
Berufliche Tätigkeit
☎ dienstlich / privat (für Rückfragen)

**COSMOS DIREKT**
Mitdenken rentiert sich

◀ Abbildung 60: Beispiel für eine Werbung, die zur vergleichenden Auswahl auffordert

Abbildung 60 zeigt ein Beispiel für eine Werbung, die auf den Prozeß der Produktauswahl Einfluß nehmen will. In diesem Beispiel wird der Konsument zu einem Vergleich der Produkte aufgefordert ("Erst vergleichen, dann abschließen"). Es wird eine Entscheidung nach nur einem Kriterium (Preis) nahegelegt, welches als eine Anwendung einer vereinfachten disjunktiven Regel interpretiert werden kann.

### (7) Kognitive Dissonanz nach der Entscheidung

Wenn die Entscheidung gefallen ist, kann der Kauf nicht mehr rückgängig gemacht werden (von Ausnahmen abgesehen). Ein weiteres Nachdenken über die Entscheidung ist deshalb nur insofern sinnvoll, als Informationen gewonnen werden können, die zukünftige Entscheidungen verbessern könnten. Statt einer emotionslosen Kontrolle trauern wir jedoch allzu oft den Varianten nach, die wir notwendigerweise ausschlagen mußten, indem wir die eine Variante wählten. (Jemand kauft aus "Vernunftgründen" ein sparsames Auto, ärgert sich aber jedesmal, wenn er den "schnellen Flitzer" auf der Straße sieht, den er damals auch gerne gekauft hätte.)

Eine wichtige Theorie, die diese Nachentscheidungsprobleme erklären kann, ist die Theorie der "kognitiven Dissonanz"[126]. Danach strebt der Mensch nach Harmonie und ist bemüht, seine Gedanken in eine Art Gleichklang ("Konsonanz") zu bringen. Die innere Harmonie wird nach Entscheidungen besonders dann gestört sein,[127]

- wenn durch die Produktwahl andere attraktive Varianten ausgeschlagen werden mußten,
- wenn gezwungenermaßen ein Produkt gewählt werden mußte, das nicht dem ursprünglichen Wunsch entsprach (etwa weil das präferierte Produkt nicht verfügbar war),

[126] Festinger (1957).

[127] Vgl. zum folgenden von Rosenstiel/Neumann (1991), S. 182.

- wenn der Konsument nach der Entscheidung Informationen erhält, die der getroffenen Wahl widersprechen,
- wenn Bezugspersonen des Entscheiders eine andere Meinung vertreten.

Wichtig ist nun, wie das Individuum versucht, die kognitive Dissonanz nach der Entscheidung abzubauen. In den meisten Fällen wird dies so geschehen, daß der einzelne entweder versucht, die Entscheidung im nachhinein zu rechtfertigen, oder daß der einzelne versucht, die Entscheidung rückgängig zu machen bzw. beim nächsten Mal anders zu entscheiden. Der Verkäufer ist natürlich daran interessiert, daß die Dissonanz durch eine Rechtfertigung des Kaufes und nicht durch eine Änderung des Verhaltens abgebaut wird.
Die Werbung kann den Kunden helfen, ihre Entscheidung für das Produkt zu rechtfertigen. Dies geschieht dadurch, daß dem Käufer nach dem Kauf gezielt Informationen gegeben werden, die seinen Kauf rechtfertigen. Beliebt sind vor allem Bestärkungen in Gebrauchsanweisungen mit Texten wie: "Sie haben ein Produkt mit hoher Qualität erworben ...". Es ist aber auch sinnvoll, Käufer nach dem Kauf mit Werbematerial zu versorgen. Tatsächlich gibt es starke empirische Anhaltspunkte dafür, daß Werbung über ein gerade gekauftes Produkt besonders aufmerksam studiert wird.[128]
Wenn die Werbung Käufer nicht mit rechtfertigender Information versorgt, riskiert sie nicht nur den Verlust von Kunden, sondern vergibt die Chance, engagierte Fürsprecher für das Produkt mit Argumenten zu versorgen. Nicht selten nämlich bauen Käufer ihre Dissonanzen so heftig ab, daß sie ihre Bekannten und Freunde zur gleichen Produktwahl drängen, um so eine weitere Bestätigung zu erhalten.

---

[128] Vgl. von Rosenstiel/Ewald (1979), S. 133.

## 8.2. Unechte Entscheidungen

> *Dieses Kapitel*
> - unterscheidet verschiedene Typen von Entscheidungen nach ihrer kognitiven Kontrolle und emotionalen Bestimmtheit,
> - beschreibt Entscheidungstypen mit geringer kognitiver Kontrolle,
> - weist auf die Möglichkeiten einer Werbung für Impulsivkäufer hin und
> - betont die Bedeutung von Markentreue für Gewohnheitskäufe.

Ein Kaufentscheidungsprozeß, in dem Ziele gebildet, aktiv Information beschafft und bewertet wird, ist bei allen Beschränkungen und Vereinfachungen dennoch eine aufwendige Sache. Dieser Aufwand "lohnt" sich nicht immer. Wenn die Entscheidung relativ unwichtig ist oder zwischen Produkten zu wählen ist, die alle akzeptabel sind und sich nur wenig unterscheiden,[129] ist es durchaus "vernünftig", auf einen hohen Aufwand bei der Entscheidungsvorbereitung zu verzichten. Die kognitive Kapazität zur Informationsverarbeitung ist nun einmal begrenzt, und es gibt wichtigere Probleme, denen man sich zuwenden kann, als die Frage, welches Spülmittel besser Fett löst oder welcher Joghurt um ein paar Pfennige billiger ist.

### Entscheidungstypen

Wenn Entscheidungen kognitiv wenig kontrolliert werden, kann an diese Stelle eine emotional bestimmte Auswahl treten. Dies muß aber nicht so sein. Es erscheint hilfreich, die kognitive Kontrolle und die emotionale Bestimmtheit als zwei unabhängige Dimensionen des Entscheidungsverhaltens anzusehen.

[129] Kurioserweise läßt sich beobachten, daß der Aufwand bei der Entscheidungsfindung auch bei der Wahl zwischen Produkten hoch ist, die eigentlich alle akzeptabel sind. Weil alle Varianten ähnlich (gut) sind, fällt die Entscheidung schwer.

Abbildung 61 stellt eine mögliche Gliederung von Entscheidungstypen vor, die auf diesen zwei Dimensionen beruht.[130]

| | | | |
|---|---|---|---|
| **emotionale Bestimmtheit** | stark | impulsiver Kauf | kontrolliert emotionaler Kauf |
| | schwach | Gewohnheitskauf und Zufallskauf | vereinfacht rationaler und rationaler Kauf |
| | | schwach | stark |
| | | **kognitive Kontrolle** | |

Abbildung 61: Typen von Entscheidungen

Kroeber-Riel bringt die Entscheidungstypen mit dem Begriff des Involvement in Verbindung, den wir bereits in Kapitel 4.1. eingeführt haben. Ein Käufer entscheidet tendenziell kognitiv *und* emotional aufwendiger,[131]

- wenn der Kauf mit wichtigen persönlichen Motiven zusammenhängt, man denke etwa an eine Anschaffung für ein Hobby (persönliches Involvement),
- wenn das Produkt ein hohes Aktivierungspotential hat, etwa weil die Anschaffung sehr teuer ist, oder weil der Kauf weitreichende Konsequenzen nach sich ziehen könnte (Produktinvolvement),
- wenn eine Situation eintritt, die den Kauf zu einer wichtigen Sache werden läßt (situatives Involvement).

Besonders vom situativen Involvement ist ein durchschlagender Effekt auf die Sorgfalt bei der Entscheidungsfindung zu erwarten. Das Involvement ist beispielsweise hoch in Situationen,

- in denen der Konsument ein aktuelles Problem hat, das der Kauf eventuell lösen könnte (z. B. kurz bevor die Hausfrau in den Supermarkt geht, um Waschmittel zu kaufen, stößt sie zu Hause eine Kaffeetasse um und verursacht einen Fleck),
- in denen der Konsument Zeit hat (unter Zeitdruck wird schneller entschieden),

---

[130] Vgl. von Rosenstiel/Neumann (1991), S. 167, Kroeber-Riel (1992), S. 377.

[131] Vgl. hierzu und zum folgenden Kroeber-Riel (1992), S. 375f..

- in denen der Konsument mit der bisherigen Produktwahl unzufrieden ist (z. B. besuchte jemand bisher ohne weiteres Nachdenken immer dieselbe Autowerkstatt, aber als er einmal sein Auto schadhaft zurückbekommt, hört er sich bei Freunden sorgfältig nach einer neuen Werkstatt um),
- in denen andere Personen Druck auf den Entscheider ausüben (z. B. möchte ein junger Mann Blumen kaufen und weiß, daß die Empfängerin in dieser Frage sehr kritisch ist),
- in denen der Kauf mit einem großen Risiko (finanzieller oder anderer Art) verbunden ist (z. B. überlegt jemand lange den Kauf eines Kleidungsstückes weil er dabei das Risiko empfindet, daß das Kleidungsstück sein äußeres Erscheinungsbild negativ beeinträchtigen könnte),
- in denen die Varianten schwer zu vergleichen sind (z. B. kann sich jemand nicht zwischen zwei als gleichermaßen schön empfundenen Ausflugszielen entscheiden und denkt deshalb lange über seine Wahl nach).

Man kann an den Beispielen sehen, daß es nicht immer wichtige Entscheidungen sind, bei denen sich das Individuum die Entscheidung schwer macht.
Die Werbung kann versuchen, das Involvement ihrer Adressaten in die eine oder andere Richtung zu beeinflussen. In der Praxis wird häufig versucht, grundsätzlich das Involvement der Konsumenten zu erhöhen ("Serviere nicht irgendeinen Weinbrand, sondern beachte die Unterschiede...", "Kaufe nicht irgendetwas zum Naschen, sondern..."). Man kann sich jedoch die berechtigte Frage stellen, ob es für einzelne Angebote nicht vorteilhafter wäre, das Involvement der Konsumenten zu verringern, um von impulsiven und gewohnheitsmäßigem Kaufverhalten zu profitieren.

**Impulsiver Kauf**

Impulsive Entscheidungen unterliegen kaum einer rationalen Kontrolle, sondern sind durch relativ starke Emotionen gesteuert, die in der Regel kurzfristig in der Kaufsituation auftauchen. Diese "Entscheidungen" sind unmittelbar durch wahrgenommene Reize hervorgerufen, sie sind also eigentlich keine Entscheidungen, sondern Reaktionen. Somit ist impulsives Verhalten weitgehend situationsbedingt, aber auch von der persönlichen Neigung zu impulsivem Verhalten abhängig. Generell kritisch überlegende Personen lassen sich weniger zu impulsivem Verhalten anregen als "impulsive" Personen. Wichtig ist, daß der Konsument emotional "aufgeladen" wird.[132]

Impulsivkäufe sind tendenziell bei geringwertigen Produkten häufiger zu erwarten als bei teuren (Speiseeis eher als Auto), bei emotional aktivierenden Produkten häufiger als bei "emotionslosen" (Kleidung - obwohl teurer - eher als Toilettenpapier). Sie sind bei Zweitkäufen häufiger zu erwarten als beim Erstkauf (Zweitfernseher).

Die Werbung kann versuchen, impulsives Kaufverhalten hervorzurufen, indem sie entsprechende Reize gibt. Solche Reize können beispielsweise sein:

- Umfeldreize mit hohem Aktivierungspotential: Beispiele hierfür sind Wühltische, Displays, Musik, große Einkaufswagen ("Kaufsog" durch scheinbar leeren Einkaufswagen), aber auch Impulsivkäufe von anderen Personen (Modellernen).
- Produktreize mit hohem Aktivierungspotential: Beispiele hierfür sind ansprechende Verpackungen (etwa künstlerisch gestaltet als limitierte Auflage), Zugaben, Süßigkeiten auf einem Ständer vor der Kasse oder Souveniers.

Daß Impulsivkäufe "unvernünftig" sind, kann mit einem kleinen Fragezeichen versehen werden. Zwar sind diese Käufe nicht direkt kognitiv kontrolliert, aber vielleicht kann es in einem erweiterten Verständnis von Vernunft sehr wohl rational sein, sich das Vergnügen eines spontanen und auch unüberlegten Handelns zu gönnen. Offenbar gibt es tatsächlich so etwas wie eine kognitive "Rahmenkontrolle", die impulsives Verhalten nur in "ungefährlichen" Situationen zuläßt, denn Impulsivkäufe sind bei sehr teuren Produkten nur selten anzutreffen.

---

[132] Vgl. hierzu und zum folgenden Kroeber-Riel (1992), S. 384ff.

**Gewohnheitskauf und Zufallskauf**

Gewohnheitskäufe und Zufallskäufe sind Entscheidungen, bei denen der Konsument weder lange überlegt, noch sich für den Kauf besonders "erwärmt". Der Zufallskauf erfolgt gleichgültig oder durch das Motiv der Abwechslung geleitet. Beim Gewohnheitskauf folgt der Konsument eingefahrenen Schemata.[133]

Ein Gewohnheitsschema kann entstehen durch

- Sozialisierung ("haben schon die Eltern gekauft"),
- Wiederholung nach anfänglich extensiven Entscheidungen (nachdem ein zufriedenstellendes Produkt gefunden wurde, wird dieses immer gekauft) oder
- Wiederholung nach anfänglich impulsiver Entscheidung.

Für alle Entstehungslinien gilt, daß der Konsument mit der Qualität des Produktes insoweit zufrieden ist, daß er keinen Konflikt beim Kauf erlebt. Gewohnheitskäufe sind sehr häufig bei Gütern des täglichen Bedarfes anzutreffen. Viele sehr umsatzstarke Produkte werden hauptsächlich gewohnheitsmäßig gekauft. Dieser Typus ist also besonders wichtig. Dennoch gibt es wenige Ansatzpunkte für das Marketing.

Der wohl effektivste Ansatzpunkt für die Werbung besteht darin, die Schemata, nach denen Gewohnheitskäufe ablaufen, zu untersuchen und nutzbar zu machen. Ein Beispiel für ein Gewohnheitsschema ist (im Supermarkt) das Zugreifen etwas unterhalb der Augenhöhe. Man sollte also eine Plazierung des eigenen Produktes in der Mitte des Regals anstreben. Aus Sicht der Werbung ist das wichtigste Schema für Gewohnheitskäufe die Markentreue. Ein Konsument, der sich angewöhnt hat, eine bestimmte Marke, mit der er zufrieden ist, zu kaufen, handelt durchaus vernünftig, denn er minimiert seinen Such- und Denkaufwand, ohne das Risiko eingehen zu müssen, ein inakzeptables Produkt zu erhalten.

Wenn es gelingt, Markentreue aufzubauen, wird der Absatz der Güter kontinuierlich sichergestellt. Dabei können folgende Hinweise helfen:

---

[133] Vgl. hierzu und zum folgenden Kroeber-Riel (1992), S. 384ff.

- Hohe Qualität bieten: Zufriedenheit ist die notwendige Voraussetzung für Markentreue.
- "Der erste sein!" Der Konsument gewöhnt sich an eine Marke, wenn er beginnt, eine bestimmte Produktkategorie zu kaufen. Dies ist einer der Gründe, weshalb sich Werbung häufig schon an Kinder wendet.
- Bindung bestärken: Dies geschieht z. B., indem man in der Werbung auf die Bewährung des Produktes hinweist.
- Ausbau der Marke: Die Markentreue bei einem bestimmten Produkt kann unter bestimmten Umständen auf andere Produkte übertragen werden, wenn die Marke von den Konsumenten für kompetent auch für das andere Produkt gehalten wird. Beispiele hierfür sind line extensions oder Dachmarken.

Gerade bei neuen Anbietern kann es Ziel der Werbung sein, die Markentreue zu Konkurrenzmarken aufzuweichen. Dies wird häufig versucht, indem über Sonderaktionen wie Verkaufsförderung, Sonderangebote oder Probepackungen die Konsumenten mit dem Alternativprodukt in Kontakt gebracht werden. Charlton/Ehrenberg (1976) untersuchten den Einfluß verschiedener Marketingmaßnahmen auf das Gewohnheitsverhalten und fanden dabei heraus, daß diese Maßnahmen nur kurzfristig wirkten. Nach Beendigung der Maßnahme kehrten die Konsumenten zu ihrer alten Gewohnheit zurück.
Die Gewohnheiten sind offenbar so stark, daß allein die Erkenntnis, "daß es auch ein anderes gutes Produkt gibt", bei weitem nicht ausreicht, das Verhalten zu ändern. Es ist also nötig, den Konsumenten etwas heftiger aus seiner Gewohnheit "herauszureißen". Eine Möglichkeit dazu besteht darin, daß die Werbung versucht, Konflikte bei den Konsumenten zu schaffen.
Durch Konsumentenbefragung oder durch Analysen ist dafür zu erkunden, ob latente Probleme mit dem Produkt verbunden sind, die als wichtig wahrgenommen werden und deren Lösung noch nicht hinreichend durch das Konkurrenzprodukt geleistet wird. Das latente Problem kann durch Werbemaßnahmen zu einem manifesten Konflikt aktiviert werden. Dann läuft der Entscheidungsprozeß wieder bewußt ab, und es kommt zu neuen Infor-

mationssuch- und Auswahlprozessen. Das eigene Produkt wird als Lösung dieses Konfliktes präsentiert.
Ein Beispiel für eine Strategie, in der zunächst Konflikte geschaffen wurden, ist die Einführung von Colorwaschmitteln Ende der 80er Jahre. Bis dahin wurde von den Konsumenten das Problem "hohe Waschleistung und Schutz der Farben schließen sich gegenseitig aus" als unlösbar hingenommen. Die Konsumenten waren mit ihren Waschmitteln zufrieden. Mit Einführung von Colorwaschmitteln versuchten einige Hersteller, dieses latente Problem zu aktivieren und einen inneren Konflikt bei den Konsumenten zu schaffen, indem ausbleichende Farben in Verbindung mit traditionellen Vollwaschmitteln dargestellt wurden.

## 8.3. Messung des Entscheidungsverhaltens

*Dieses Kapitel*

- grenzt eher kognitivistisch orientierte Methoden von eher behavioristischen Methoden ab und
- stellt Verfahren vor, um die kognitiven Prozesse bei Kaufentscheidungen zu messen.

Wenn man die Grundidee des Kognitivismus, den Menschen als vernunftbegabtes Wesen mit einem freien Willen zu sehen, ernst nimmt, schlägt sich dies auch auf die Art der Messung durch. Im S-O-R-Modell werden den Versuchspersonen fast grundsätzlich Antworttendenzen unterstellt, hauptsächlich weil man davon ausgeht, daß die Person gar nicht alle Reize, die ihr Verhalten bestimmten, bewußt mitbekommt und daher auch nicht äußern kann. Wenn man aber davon ausgeht, daß die Handlungen auf bewußten Entscheidungen basieren, kann man auch offen nach diesen bewußten Entscheidungen fragen. In der eher kognitivistisch orientieren Psychologie spielen daher offene Befragungen tatsächlich eine große Rolle, ohne daß allerdings auf die Möglichkeiten anderer Erhebungstechniken verzichtet wird.

Um den Ablauf eines Entscheidungsprozesses zu erheben, können Versuchspersonen zum einen gebeten werden, ihre Überlegungen bei einer Entscheidung im nachhinein aus der Erinnerung anzugeben, oder der Versuchsperson wird ein neues Entscheidungsproblem vorgelegt mit der Bitte, alle Schritte anzugeben, die sie unternimmt, um zu einer Entscheidung zu kommen. Die Befragung kann durch eine Beobachtung des Verhaltens während der Entscheidungsfindung ergänzt werden. Methoden, die Entscheidungsprozesse festzuhalten, sind beispielsweise

- mündliche Besprechung des Entscheidungsproblems,
- Anfertigung von Schaubildern oder Texten über das Entscheidungsproblem (durch Versuchsperson oder Interviewer),
- Kartenlegeverfahren,
- Simulierte Probleme, die am Computer zu lösen sind.

# 9. SOZIALE EINFLÜSSE AUF DIE WERBEWIRKUNG

Stellen wir uns kurz folgende Situation vor: Familie M. sitzt im Wohnzimmer und schaut sich im Fernsehen einen Spielfilm an. Während der Werbepause läuft ein Spot, in dem der bekannte Rennwagenfahrer S. ein sportliches Auto vorführt. Vater M. - Fahrer eines schadstoffarmen Dieselfahrzeugs - schaut nicht besonders aufmerksam zu. Seine Gedanken schweifen, angeregt durch den laufenden Werbespot, ab: Er stellt sich vor, wie er selbst mit einem schnellen Auto über eine einsame Landstraße braust. Vielleicht sollte er sich beim nächsten Mal doch einen etwas leistungsfähigeren Benziner gönnen... Da wird sein Tagtraum jäh unterbrochen, als der jugendliche Sohn M. sagt: "Schon wieder der blöde S.! Für mich ist Autorennen und alles, was dazugehört, Umweltverschmutzung und sonst gar nichts."

Dieses Beispiel zeigt, daß Werbung nicht isoliert auf den einzelnen einwirkt, sondern in Wechselwirkung mit anderen sozialen Einflüssen steht. Es zeigt drei Aspekte:

- Der Ausspruch des Sohnes hat die Werbekommunikation unterbrochen und ergänzt, war seinerseits aber auch durch die Werbung angeregt. Allgemein gesprochen tritt zur Werbekommunikation die persönliche Kommunikation im sozialen Umfeld hinzu, die mit der Werbung in Wechselwirkung steht.
- Die Szene hat in einer bestimmten Gruppe, nämlich der Familie, stattgefunden. Für Vater M. ist sein Sohn eine Bezugsperson, dessen Meinungen ihm wichtig sind. Er wird vielleicht seinem Sohn zustimmen, vielleicht widersprechen, vielleicht sagt er gar nichts, vielleicht schaltet sich Mutter M. in das Gespräch ein. Die Werbung trifft also auf Gruppenprozesse, die die Verarbeitung der Werbung beeinflussen und ebenso auch durch die Werbung beeinflußt werden.
- Sohn M. nimmt bei der Kommunikation in der Gruppe auf eine Norm Bezug, die man etwa mit: "Verhalte Dich so, daß Du die Umwelt nicht verschmutzt!" benennen könnte. Vater M. wird sich wahrscheinlich nie einen von ihm "geheim" begehrten

Sportwagen zulegen, weil er gegen diese Norm, die in seiner Familie sehr stark ist, nicht verstoßen will. Die Werbung sieht sich also nicht nur Motiven und Einstellungen in der Person gegenüber, sondern auch Normen in Kulturen, Gesellschaften oder Gruppen.

Diese drei Aspekte wollen wir in diesem Kapitel ein wenig vertiefen.

## 9.1. Werbekommunikation und persönliche Kommunikation

*Dieses Kapitel*

- weist darauf hin, daß Werbung nicht nur direkt wirkt, sondern auch über persönliche Gespräche,
- mißt bestimmten Personen in diesem zweifachen Kommunikationsprozeß eine besondere Bedeutung als "Meinungsführer" zu und
- gibt Hinweise, Meinungsführer in die Werbekommunikation einzubeziehen.

Werbebotschaften gelangen nicht nur direkt durch Massenmedien wie Zeitungen, Fernsehen oder Radio zu den Empfängern, sondern auch über persönliche Gespräche. Hierbei gibt es drei Möglichkeiten. Eine Person kann eine Werbebotschaft

- nur durch Massenmedien,
- nur durch persönliche Kommunikation oder
- durch beide Kanäle erfahren.

Alle drei Formen sind nicht nur denkbar, sondern sicherlich auch in der Realität vorfindbar. Interessant ist natürlich die Frage, welche Varianten in der Realität besonders häufig anzutreffen sind. Zu dieser Frage führten Lazarsfeld/Berelson/Gaudet (1948) eine klassische Untersuchung durch. Sie fanden für den Präsidentenwahlkampf 1940 in den USA heraus, daß die Wähler stärker durch persönliche Gespräche mit Bekannten ("Mund zu Mund

Propaganda") beeinflußt wurden als - wie man bis dahin annahm - durch Massenmedien. Es gab einige wenige Personen, die die Wahlkampfinformation aus den Massenmedien besonders aktiv aufgriffen und die anderen Personen beeinflußten, teilweise durch eigene Überzeugungsversuche, teilweise weil sie von anderen um Rat gefragt wurden. Diese Personen nannten die Autoren "Meinungsführer".

**Meinungsführer**

Meinungsführer haben zwei Funktionen: Zum einen übermitteln sie Informationen an weniger informierte Personen ("Relaisfunktion"), zum anderen beeinflussen sie andere in der Bewertung dieser Informationen, also in ihren Einstellungen ("Verstärkerfunktion").[133] Auf Basis dieser Erkenntnisse entwickelten Katz/Lazarsfeld ein zweistufiges Modell der Massenkommunikation, in dem die Botschaft zunächst von den Massenmedien an die Meinungsführer gelangt und diese die Botschaft an die eher passive Masse weiterleiten. Dieses Modell - entwickelt im politischen Bereich und zu einer Zeit, als noch die Mehrheit der Haushalte über keinen Fernsehapparat verfügte - kann in dieser Form für die kommerzielle Werbung nicht aufrechterhalten werden.[134]

Vielmehr ist davon auszugehen, daß die breite Masse sehr wohl aus den Massenmedien Information bezieht, in der persönlichen Kommunikation aber in besonderem Maße Einstellungen gebildet werden (vgl. auch Abbildung 62). Dabei werden einzelne Personen in stärkerem Maße als andere um Rat gefragt und beeinflussen in stärkerem Maße andere. Was sind das für Personen, die in besonderem Maße die Einstellungen anderer prägen?

Interessanterweise lassen sich nicht bestimmte "Führerpersönlichkeiten" ausmachen, deren Meinung die anderen generell folgen. Duncker führte ein Experiment mit Kindern durch

---

[133] Vgl. Katz/Lazarsfeld (1962), S. 97ff..

[134] Vgl. von Rosenstiel/Neumann (1991), S. 192, Kroeber-Riel (1992), S. 668f. und die dort angegebene Literatur.

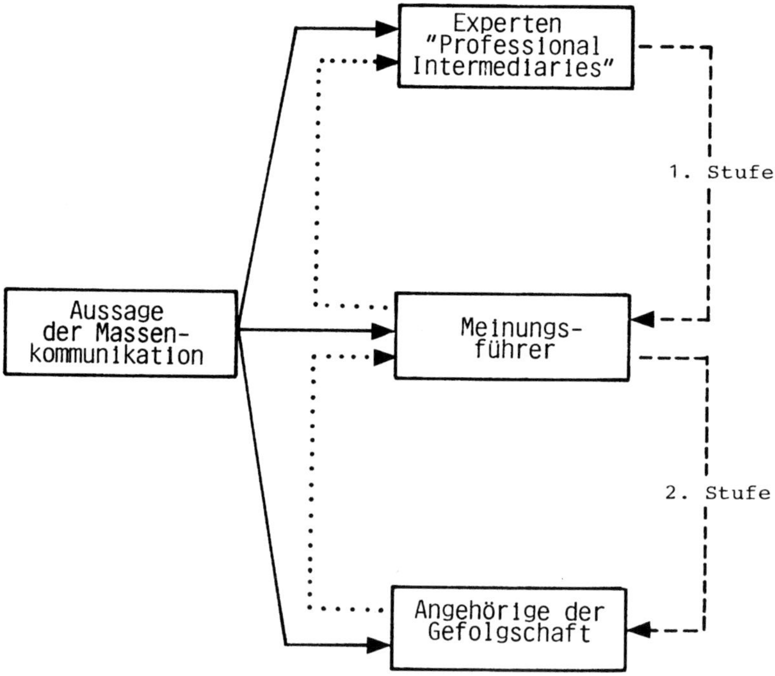

Abbildung 62: Modell der Beeinflussung durch Medien und Meinungsführer (Entnommen aus: von Rosenstiel/Neumann, 1991, S. 193; nach Troldahl, 1996[135])

und prüfte, wem die Kinder bei der Wahl des Essens folgen würden. Wählte ein bei den Kindern als Autorität anerkannter Erwachsener zuerst, folgten 4 von 17 Kindern seinem Beispiel, wählte dagegen ein Kind zuerst, so folgten 17 von 20 Kindern.[136] Meinungsführung scheint sich vielmehr situativ zu ergeben. Für Situationen, in denen Meinungsführung auftritt, können folgende Aspekte als typisch angesehen werden:

- Spezifische Kompetenz des Meinungsführers: Je nach Thema oder Produkt werden verschiedene Personen als kompetente Ratgeber angesehen. Eine Frau, die in Fragen der Kochkunst als

---

[135] Dieses Modell stellt eine Weiterentwicklung des Modells von Katz/Lazarsfeld, 1962 dar.

[136] Vgl. Duncker (1938).

kompetent gilt, wird selten auch in Fragen der Mode zu Rate gezogen.[137]

- Vertrauensbeziehung: Menschen, von denen man einen Rat annimmt, müssen nicht nur als kompetent gelten, sondern auch "die gleiche Sprache" sprechen. Meinungsführer üben daher tendenziell nur in ihrem Bekanntenkreis und innerhalb ihrer sozialen Gruppe Einfluß aus.
- Problemdruck des "Geführten": Eine Person, die vor einer schwierigen Kaufentscheidung steht, wird eher geneigt sein, eine andere Person um Rat zu fragen oder für Beeinflussung von anderen offen zu sein.

**Wen soll die Werbung ansprechen?**

Für die Gestaltung der Werbung läßt sich aus dem Konzept der Meinungsführer ableiten, daß zu überlegen ist, ob die Mitglieder einer Zielgruppe direkt anzusprechen sind, oder ob es nicht effektiver wäre, die Werbung auf die spezifischen Bedürfnisse nur der Meinungsführer zuzuschneiden. In diesem Falle würde die Werbung zunächst nur die Meinungsführer überzeugen. Diese Personen würden dann die Botschaft an ihre Bekannten weiterleiten und diese viel besser überzeugen können, als es anonyme Werbung vermag.

Bei der praktischen Umsetzung hat dieses Konzept jedoch einige "Haken". Insbesondere die Tatsache, daß Meinungsführer situativ auftauchen und auch wieder verschwinden, macht es schwierig, die Personen zu identifizieren, die als Meinungsführer besonders anzusprechen sind. Dieses Problem ist jedoch nicht unlösbar: Ein erster Ansatz dafür könnte darin bestehen, einfach die bisherigen Kunden wie Meinungsführer zu behandeln, denn diese Personen sind zumindest insofern kompetente Ratgeber für ihre Umwelt, als sie das Produkt gut kennen. Zudem haben die Überlegungen zur kognitiven Dissonanz nach der Kaufentscheidung gezeigt, daß Kunden nach dem Kauf häufig das Bedürfnis haben, andere von dem gekauften Produkt zu überzeugen.

[137] Vgl. auch Summers (1974), der fand, daß Meinungsführer häufiger über mehrere Produktmärkte Kompetenz hatten, nicht aber grundsätzlich über alle Produkte.

## 9.2. Kaufentscheidungen in Gruppen

*Dieses Kapitel*
- zeigt, daß sich Werbung nicht nur an Einzelpersonen richtet, sondern auch auf Entscheidungen einwirken sollte, die von Gruppen getroffen werden,
- untersucht dazu das Entscheidungsverhalten von Familien und
- gibt Hinweise für eine differenzierte werbliche Ansprache nach den Rollen der Gruppenmitglieder bei verschiedenen Entscheidungsarten und in einzelnen Phasen der Entscheidungsprozesse.

Bisher haben wir untersucht, wie Werbewirkung durch persönliche Kommunikation zwischen einzelnen Menschen beeinflußt wird. Es sind aber nicht immer unbedingt einzelne Personen, die Kaufentscheidungen treffen. In vielen Fällen sind mehrere Personen an einer Kaufentscheidung beteiligt. Der typische Fall hierfür, den wir nun auch besonders durchleuchten möchten, ist die Konsumentscheidung in der Familie. Aber auch in anderen Bereichen entscheiden mehrere Personen gemeinsam, etwa in Organisationen wie Firmen oder Vereinen.[138]

**Familienentscheidungsprozesse**

Die Vorstellung, daß in einer Familie eine Person grundsätzlich dominiert ("Familienpatriarch", "Hausdrachen") ist weit verbreitet, entspricht aber nicht der Realität. Kennzeichen von Familien ist vielmehr eine Art Arbeitsteilung oder Rollenaufteilung, die sich auch auf die Konsumentscheidungen bezieht. Davis/Rigeaux (1974) haben ein Modell zur Abbildung der Rollenverteilung zwischen Mann und Frau bei Kaufentscheidungen konzipiert. Dazu haben sie gemessen, (1) wie häufig überhaupt Entscheidungen gemeinsam von den Ehepartnern getroffen wurden und (2) wel-

[138] Vgl. zu Entscheidungsprozessen in Organisationen als Überblick Kirsch (1988) und Schreyögg (1984).

cher Partner bei den Entscheidungen einen dominierenden Einfluß hat. Auf Basis dieser zwei Dimensionen unterscheiden Davis/Rigeaux vier Typen von Entscheidungen:

- Entscheidungen, die nahezu ausschließlich von der Frau getroffen werden ("Frau dominant"),
- Entscheidungen, die nahezu ausschließlich vom Mann getroffen werden ("Mann dominant"),
- Entscheidungen, die einmal die Frau, ein anderes Mal der Mann jeweils selbständig treffen ("autonom") und
- Entscheidungen, die Mann und Frau gemeinsam treffen ("synkratisch").

Die Ergebnisse dieser Untersuchung sind in Abbildung 63 dargestellt. Wie zu sehen ist, teilen sich Mann und Frau offenbar

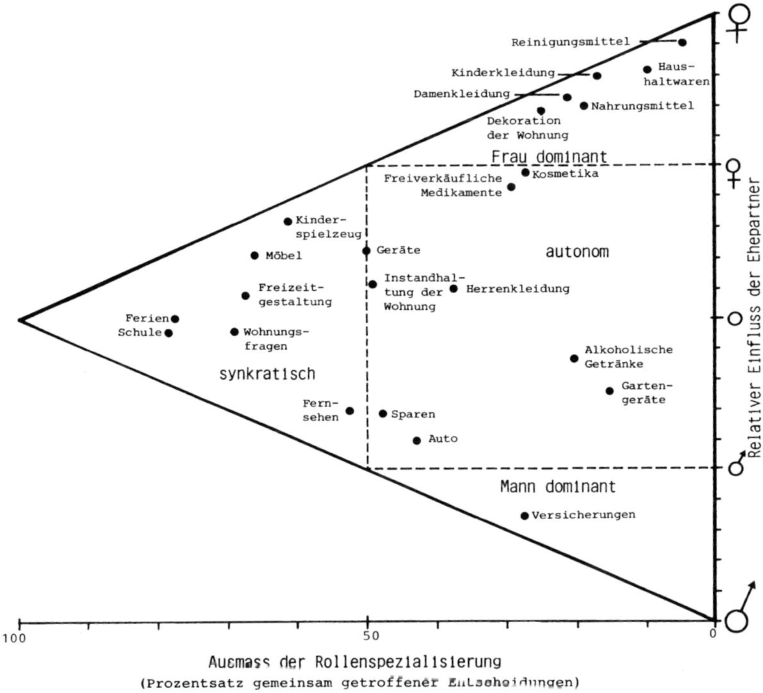


Abbildung 63: Rollenverteilung zwischen Mann und Frau bei Kaufentscheidungen verschiedener Produkte
(entnommen aus: von Rosenstiel/Neumann 1991, S. 196, nach Davis/Rigeaux 1974)

die Konsumentscheidungen nach den Produktarten auf. Dabei lassen sich durchaus gängige Rollenklischees (die Frau ist für Haushalt und Kochen zuständig, der Mann für technische und finanzielle Dinge) wiederfinden. Aufgrund eines allgemeinen gesellschaftlichen Wertewandels ist auch eine Verschiebung der Rollen bei Konsumentscheidungen vor allem in Richtung auf mehr gemeinsame und autonome Entscheidungen zu erwarten.[139]

Eine differenziertere Studie führte Dahlhoff (1980) durch, der nicht nur die Kompetenz der Ehepartner für einzelne Produktarten betrachtet, sondern auch untersucht, wie der Prozeß der

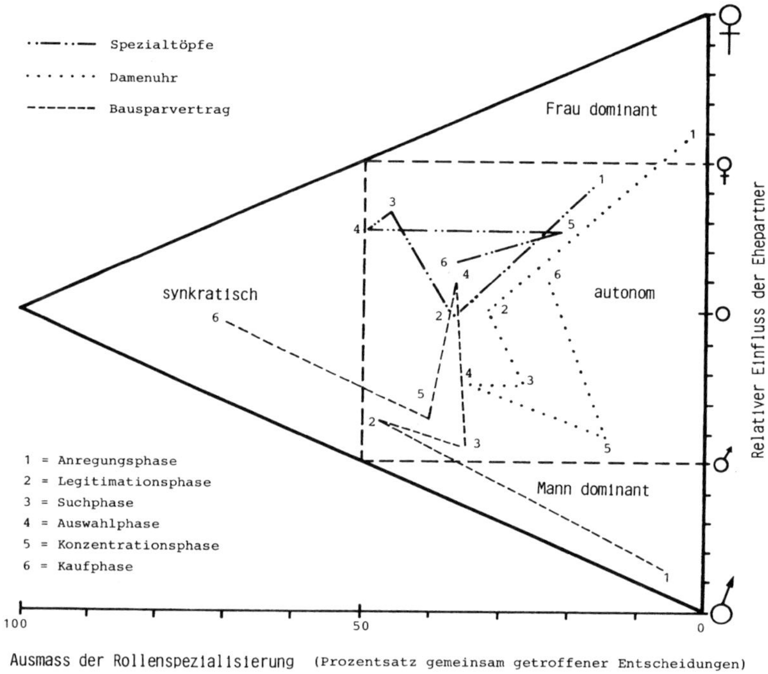


Abbildung 64: Rollenverteilung zwischen Mann und Frau in verschiedenen Phasen von Kaufentscheidungsprozessen bei verschiedenen Produkten (entnommen aus: von Rosenstiel/Neumann 1991, S. 197, nach Daten von Dahlhoff 1980)

[139] Vgl. auch Kroeber-Riel (1992), S. 472 und die dort angegebene Literatur.

Entscheidungsfindung zwischen Mann und Frau abläuft. Er unterscheidet sechs Phasen des Entscheidungsprozesses, die sich teilweise auch mit unserem idealen Phasenmodell aus Kapitel 8 decken. In Abbildung 64 sind die Verläufe der Entscheidungsprozesse von drei Produkten dargestellt. Es ist durchaus üblich, daß z. B. ein Partner die Anregung zu einem bestimmten Kauf gibt, die endgültige Entscheidung aber gemeinsam getroffen wird. Eine solche Untersuchung ist freilich nur sinnvoll bei Produkten, die tatsächlich in einem längeren Entscheidungsprozeß erworben werden. Beim spontanen Kauf von Speiseeis etwa dürften kaum längere Diskussionen zwischen den Partnern über die richtige Wahl stattfinden (in der Regel zumindest, denn auch über kleine Dinge können sich Ehepartner trefflich streiten).

Neben den Eltern spielen auch die Kinder eine Rolle in familiären Kaufentscheidungsprozessen. Bereits kleine Kinder haben einen nicht unwesentlichen Einfluß auf den Kauf von bestimmten Kinderprodukten, wie Atkin (1978) bei einer Beobachtung von Einkäufen von Frühstücksflocken im Supermarkt herausfand. Allerdings sind Kinder vor allem für die Anregung von Käufen verantwortlich, während die eigentliche Entscheidung bei den Eltern liegt. Mit zunehmendem Alter allerdings treffen Kinder und Jugendliche immer mehr Kaufentscheidungen bei "ihren" Produkten allein.

**Ansätze zu einer gruppenbezogenen Werbung**

Die Werbung kann diese Erkenntnisse nutzen, indem (1) zunächst für das jeweilige Produkt untersucht wird, welches Familienmitglied (oder welches Mitglied einer Organisation) in welcher Phase des Entscheidungsprozesses aktiv wird. Die Werbung kann dann (2) gezielt diese Personen mit Botschaften ansprechen, die sich auf die jeweilige Phase des Entscheidungsprozesses bezieht. Konkret kann dies etwa so aussehen, daß sich Automobilwerbung grundsätzlich an Männer als Hauptentscheidungsträger richtet, Frauen aber in spezifischen Medien (z. B. Frauenzeitschriften) über Ausstattungsfragen

informiert werden, da sie an der Entscheidung über Sonderausstattungen relativ großen Anteil haben.[140]
Bei bestimmten Produkten dürfte der Absatz zu einem nicht unerheblichen Teil dadurch gehemmt sein, daß ein Familienmitglied sein "Veto" gegen einen Kauf einlegt. Viele Spielsachen werden sicherlich nicht gekauft, weil die Eltern - ganz im Unterschied zu den Kindern - den Sinn dieser Produkte nicht einsehen. Man kann durch empirische Forschungen solche Hemmnisse aufdecken und die Werbung gezielt darauf einstellen.
Ein Beispiel hierfür aus dem Bereich organisatorischer Entscheidungen berichtet Anastasi (1973). Ein Hersteller technischer Großprodukte hatte Schwierigkeiten mit dem Absatz von Schaufelbaggern. Die Anzeigen zeigten die Schaufelbagger beim Anheben großer Lasten. Auf den Bildern waren die Führer der Maschinen nur als winzige Figuren erkennbar. Empirische Untersuchungen ergaben, daß die Baggerfahrer einen nicht unerheblichen Einfluß auf die Kaufentscheidung ausübten, die Werbung aber das Geltungsstreben der Baggerfahrer frustrierte, weil sie in den Anzeigen als völlig unwichtige Personen erschienen. Die Anzeigen wurden daraufhin umgestaltet. Man sah nun dem Baggerfahrer über die Schulter auf die arbeitende Maschine. Der Baggerfahrer wurde also als "Herr der Maschine" dargestellt.[141]

[140] Vgl. Dahlhoff (1980), S. 264.
[141] Vgl. von Rosenstiel/Neumann (1991), S. 159.

## 9.3. Normen

*Dieses Kapitel*
- legt dar, daß soziale Normen das Konsumverhalten behindern aber auch fördern können,
- untersucht die Bedingungen, unter denen soziale Normen wirksam werden und
- gibt Hinweise für die Nutzung sozialer Normen in der Werbung.

Wenn Personen von einem Kauf Abstand nehmen, weil sie ein "Veto" von Bezugspersonen befürchten, spielen dabei nicht selten "soziale Normen" eine Rolle. Eine Frau könnte von dem Kauf eines auffälligen Kleidungsstückes absehen (obwohl es ihr sehr gut gefällt), weil in ihrer Familie "Bescheidenheit" ein ungeschriebenes Gesetz ist. Auf diese Familiennorm könnte sich der Ehemann berufen, wenn er möglicherweise sagt: "Was sollen die Leute von uns halten, wenn sie dich so sehen?" Ohne daß es offen ausgesprochen würde, wüßten alle Beteiligten genau, was hier gemeint ist: Die Frau hat mit dem Kleidungskauf gegen eine soziale Norm der Familie verstoßen.
Soziale Normen sind Ideen, die den Menschen sagen, was sie tun sollen und vor allem, was sie nicht tun sollten. Soziale Normen gelten immer in bestimmten Bezugsgruppen, also beispielsweise in einer Familie, in einem Freundeskreis, in einem Verein, einer Firma oder auch in der Gesellschaft.[142] Man kann Normen danach unterscheiden, ob sie formalisiert sind oder eher informal gelten. Beispiele für formale Normen sind etwa Gesetze, Vereinsstatuten oder Eheverträge. Für die Frage, ob der einzelne eine Norm einhält oder nicht, ist es jedoch ziemlich unerheblich, ob die Norm irgendwo aufgeschrieben wurde. Informale Normen können das Verhalten mitunter viel stärker beeinflussen als formale. Ein Beispiel zeigt dies:

[142] Vgl. Homans (1960).

Ein junger Mann, der gerade seinen Führerschein gemacht hat, fährt mit drei Freunden abends über eine Landstraße zu einem beliebten Lokal. Während der Fahrt stacheln ihn seine Freunde an, etwa mit den Worten: "Du fährst ja wie ein Rentner." Und: "Nun zeig mal, was in der Kiste drinsteckt!" Der junge Mann, eigentlich ein besonnener Typ, tritt aufs Gas. Er bekommt in diesem Beispiel sehr heftig eine Gruppennorm zu spüren, die man vielleicht beschönigend mit "Sportlichkeit" bezeichnen könnte. Er bemüht sich, diese informale Norm einzuhalten und ist dabei bereit, gegen eine formale Norm, nämlich die Straßenverkehrsordnung, zu verstoßen.

**Bestimmungsfaktoren für die Wirksamkeit von Gruppennormen**

Ob sich der einzelne gemäß der Gruppennorm verhält, hängt vor allem mit drei Mechanismen zusammen:[143]

- Gruppenkohäsion: Damit ist gemeint, wie attraktiv der einzelne die Mitgliedschaft in einer Gruppe erlebt. Der junge Mann in unserem kleinen Beispiel dürfte die Mitgliedschaft in seinem Freundeskreis als sehr attraktiv erleben und daher die Gruppennorm einhalten. Wenn ihn irgendwelche fremden Leute zum schnellen Fahren angestachelt hätten, hätte er sich unter Umständen nicht beirren lassen.
- Sanktionen: Das Verhalten gemäß der Gruppennorm wird in der Regel durch Zustimmung seitens der anderen Gruppenmitglieder belohnt. Ein Verstoß wird durch Ablehnung bis hin zum Ausschluß aus der Gruppe bestraft. In unserem Beispiel dürften die drei Freunde das schnelle Fahren des jungen Mannes sehr wahrscheinlich mit anerkennenden Sprüchen belohnen.
- Dependenz: Auch schwere Bestrafungen lassen sich in einer Gruppe durchsetzen, ohne daß der Bestrafte die Gruppe verläßt, wenn die Abhängigkeit (Dependenz) des einzelnen von der Gruppe groß ist. Die Abhängigkeit von der Gruppe ist groß, wenn der einzelne aus der Mitgliedschaft in der Gruppe Vorteile

143 Vgl. zum folgenden auch von Rosenstiel (1992), S. 266ff. und die dort angegebene Literatur.

zieht, die er sonst nicht hätte. Viele Menschen stehen "mitten in der Nacht" (6.30 Uhr morgens) zähneknirschend aus ihrem warmen Bett auf und begeben sich zur Arbeit, um nicht gegen die Firmennorm "Pünktlichkeit" zu verstoßen. Sie tun dies häufig nur, weil sie von der Mitgliedschaft in der Gruppe "Firma XY" finanziell abhängig sind.

Wichtig ist, daß es nicht unbedingt einer Sanktion bedarf, damit sich Gruppennormen bilden und eingehalten werden. Experimente zeigen dies. Ein berühmtes Experiment zu dieser Thematik führte Sherif durch:[144] Wird in einem völlig abgedunkelten Raum ein schwacher Lichtpunkt geboten, so scheint er sich zu bewegen, obwohl er objektiv unbewegt ist. Die genaueren Ursachen dieses sogenannten "autokinetischen Phänomens" brauchen uns hier nicht zu interessieren. Wichtig ist für uns dagegen folgendes: Läßt man verschiedene Menschen schätzen, wie stark der Punkt schwankt, so kommt es zu interindividuell stark schwankenden, intraindividuell jedoch recht stabilen Schätzungen. Die Täuschung wird also von verschiedenen Menschen unterschiedlich erlebt.
Sherif stellte bei den Versuchspersonen im Einzelversuch zunächst fest, wie ihre Schätzungen ausfielen, dann ließ er die Gruppe schätzen. Hier fand er, daß die Versuchspersonen bereit waren, von ihren ursprünglichen Schätzungen abzurücken und sich auf einen gemeinsamen Punkt, gewissermaßen einen Kompromiß-Punkt zu einigen. Sie taten dies, wohlgemerkt, obwohl keinerlei Zwang dazu bestand. In Abbildung 65, die die Ergebnisse eines ähnlich aufgebauten Versuchs von Hofstätter zeigt, ist sehr gut sichtbar, wie die drei Versuchspersonen eine Gruppennorm (Bewegung des Lichtpunktes um ca. 8 cm) herausbilden und diese Gruppennorm später sogar in Einzelversuchen einhalten. Offenbar fühlt sich der Mensch unwohl, wenn er mit seiner Meinung allein steht. Das Bilden und Einhalten von Gruppennormen dagegen verschafft ihm eine gewisse Sicherheit.

[144] Vgl. Sherif (1935).

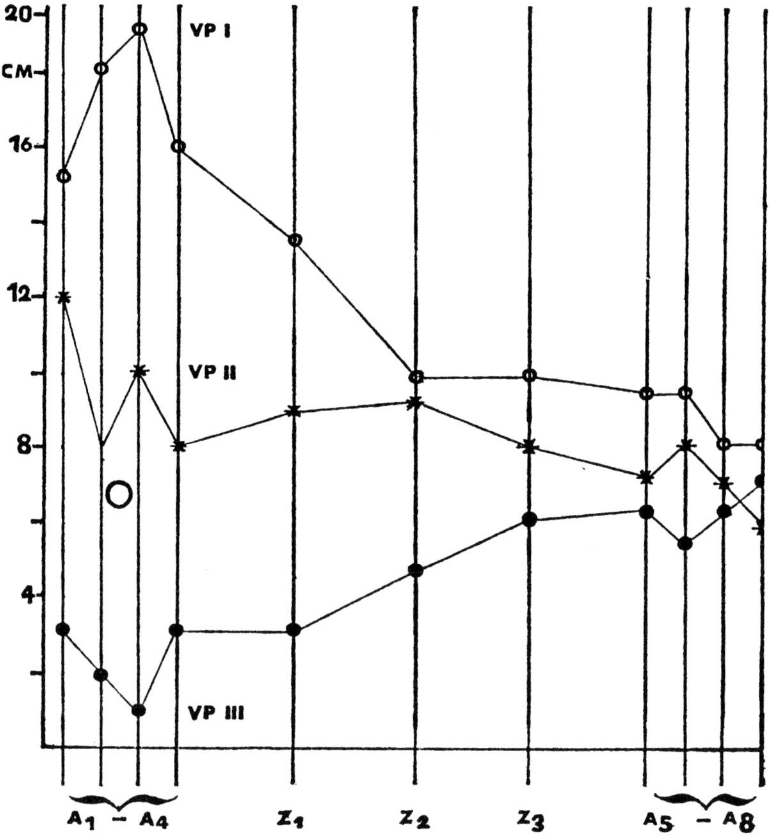


A = Einzelversuch
Z = Gruppenversuch

**Die Konvergenz der Schätzungen beim autokinetischen Phänomen**

Abbildung 65: Bildung einer Gruppennorm und ihre Einhaltung (entnommen aus: Hofstätter 1963)

Soziale Normen hängen stark mit persönlichen Motiven zusammen. Sie beziehen sich zum Teil auf dieselben Themen. "Fairneß" kann für jemand ein persönliches Motiv sein. Er versucht sich generell fair zu verhalten, unabhängig davon, ob seine Umwelt dieses Verhalten gut findet oder nicht. Wenn "Fairneß" dagegen eine Norm ist, dann wird die entsprechende Person sich in der Bezugsgruppe fair verhalten, die dieses Verhalten belohnt. In anderen Gruppen mag er auf Fairneß unter Umständen nicht mehr viel geben. Die Übergänge sind fließend. Gruppennormen entstehen letztlich aus persönlichen Motiven der Gruppenmitglieder (allerdings selten in einem demokratischen Prozeß) und einzelne Gruppenmitglieder können Normen, die zuerst für sie nur äußerlich waren, so weit verinnerlichen, daß sie zu persönlichen Motiven werden ("Internalisierung von Normen").

**Ansatzpunkte für den Umgang mit Normen in der Werbung**

Für die Werbung heißt dies: Selbst wenn ein einzelner Konsument hochmotiviert ist, ein Produkt zu kaufen, tut er dies nicht, wenn dem Kauf eine starke soziale Norm entgegensteht. Umgekehrt wird ihm ein Kauf leichtfallen, wenn er damit eine soziale Norm erfüllt. Soziale Normen, die dem Konsum oft entgegenstehen, sind beispielsweise Sparsamkeit, Bescheidenheit, Umweltschutz. Normen, die dem Konsum häufig förderlich sind, sind beispielsweise Mode, Sportlichkeit, Kulturbeflissenheit. Man erkennt schon: Die Bedeutung der Normen ist unterschiedlich je nach Produkt und je nach betrachteter Gruppe. Sie werden vor allem dann wirksam, wenn der Gebrauch der Produkte sozial auffällig ist[145], Normenverstöße, die der Gruppe nicht bekannt werden, sind leichter möglich.

Die Werbung hat verschiedene Möglichkeiten, mit sozialen Normen umzugehen:

- Unbedingt ist zu erkunden, welche Normen in der Zielgruppe des Produktes wirksam sind. Dabei ist es hilfreich, die wichtigsten Normen danach zu ordnen, ob sie für den Konsum des Produktes förderlich, neutral oder hinderlich sind.
- Die Werbung kann dem Konsum des Produktes förderliche Normen ansprechen und damit eine Art "Gruppendruck" zum Kauf des Produktes aufbauen. (Beispiel: Bei einer Zielgruppe, in der Mode eine starke Norm ist, könnte sinngemäß argumentiert werden: "Mit unserem Produkt sind Sie auf der Höhe der Zeit.")

---

145 Vgl. Kroeber-Riel (1992), S. 497.

- Die Werbung sollte verhindern, gegen wichtige Normen in der Zielgruppe zu verstoßen. Wenn man bereit ist, sein Produkt den Markterfordernissen anzupassen, lassen sich oft zunächst hinderliche Normen "umdrehen". (Beispiel: Mit dem Aufkommen der sozialen Norm "Umweltschutz" haben einige wenige Unternehmen schon früh begonnen, ihre Produkte und Verfahren umweltfreundlicher zu machen. Die Werbung konnte dann sinngemäß kommunizieren: "Unser Produkt können Sie nun wieder kaufen, denn Sie belasten damit nicht länger die Umwelt.")
- Die Werbung kann auch versuchen in ihrem Sinne soziale Normen zu ändern oder neue Normen zu setzen. Ein einzelner Anbieter wird dabei kaum größere gesellschaftliche Trends umkehren, es ist aber denkbar, vorhandene Trends zu verstärken. (Beispiel: Die Zeitschrift Forbes verstieß bewußt gegen einige soziale Normen, indem sie z. B. unverhohlen der Profitgier huldigte. Sie sah sich aber offenbar in einem größeren gesellschaftlichen Trend, zu dem sie verstärkend beitrug. Ein Werbespruch: "So denkt man heute!")

## 9.4. Messung sozialer Einflüsse

*Dieses Kapitel*
- stellt verschiedene Ansätze zur Messung sozialer Einflüsse vor und
- beurteilt ihre Verwendungsmöglichkeiten.

Ob und in welcher Weise soziale Einflüsse die Werbewirkung beeinträchtigen oder vielleicht sogar fördern, läßt sich letztlich nur empirisch ermitteln. Dabei kann eine Vielfalt von Verfahren angewendet werden. Besonders häufig werden soziale Beziehungen über Befragung und Beobachtung erfaßt.
Beispielsweise stellten Lazarsfeld/Berelson/Gaudet bei ihrer Studie zu Meinungsführern im US-amerikanischen Präsidentenwahlkampf folgende zwei Fragen: "Haben Sie in letzter Zeit

versucht, jemanden von Ihren persönlichen Ansichten zu überzeugen? Hat Sie jemand in letzter Zeit um Ihren Rat bezüglich politischer Fragen gebeten?" Die Autoren haben hier Selbsteinschätzungen von Meinungsführern abgefragt. Diese Methode ist mit einer gewissen Vorsicht zu genießen, da das Selbstbild des Menschen nur selten mit dem Bild übereinstimmt, das andere Personen von diesem Mensch haben.

Häufig wird eine Beobachtung sozialer Prozesse bessere Ergebnisse bringen als Befragungen, weil die Personen, die in den sozialen Prozessen "drinstecken" oft nicht genügend Überblick über das Gesamtbild haben. Wichtig ist es auch, möglichst "nicht-reaktive" Verfahren zu verwenden. Nicht-reaktive Verfahren sind Meßmethoden, die keine eigene Reaktion der untersuchten Personen hervorrufen. Befragungen rufen immer Reaktionen hervor. Die Versuchsperson, die ja merkt, daß sie über einen sozialen Prozeß befragt wird, hat die Tendenz, den sozialen Prozeß, der eigentlich objektiv gemessen werden sollte, zu verändern.

Wenn man beispielsweise ein Ehepaar befragt, welcher Partner bei der Wahl des Reisezieles ausschlaggebend ist, könnte es sein, daß einer der Partner darauf besteht, daß bisher immer der andere Partner dominiert habe, um sich eine bessere Ausgangsposition für die nächste "Verhandlung" des Reisezieles aufzubauen. Dies mag ein "krasses" Beispiel sein, aber wir alle wissen, daß sich Beziehungen zu anderen Menschen schon allein dadurch ändern, daß wir über die Beziehung sprechen.

Auch Beobachtungen können Reaktionen verursachen, wenn die Versuchsperson merkt, daß sie beobachtet wird. Beobachtungen müssen aber nicht reaktiv sein. Atkin, der den Einfluß von Kindern auf die Kaufentscheidung bei Frühstücksflocken erforschte,[146] konnte den Einfluß der Kinder erst nachweisen, nachdem er die Familien unauffällig im Supermarkt beobachtete. Auf Befragen gaben die Mütter nämlich an, selbst zu entscheiden. Eine andere nicht reaktive Meßmethode besteht darin, Dokumente, die über soziale Prozesse Aufschluß geben, auszuwerten.

[146] Siehe oben und vgl. Atkin (1978).

Die Methode dafür heißt "Inhaltsanalyse". Um etwa soziale Normen in einem Verein zu erfassen, können Sitzungsprotokolle daraufhin untersucht werden, welche Argumente die Teilnehmer verwenden und auf welche Normen sie sich dabei offen oder verdeckt berufen. Für die Messung schichtspezifischer oder zielgruppenspezifischer Normen schlägt unter anderem Trommsdorff "Lebensstilanalysen" als nicht-reaktives Verfahren vor. Personen werden hier nach regelmäßigen Verhaltensweisen und persönlichen Merkmalen in Gruppen eingeteilt.[147] Die Gruppeneinteilung kann analytisch vorgegeben werden, sinnvoller ist es allerdings, die Gruppen nachträglich nach der Messung, etwa mit Hilfe einer multidimensionalen Skalierung (vgl. dazu Kapitel 7.4.) zu bilden.

---

[147] Vgl. Trommsdorff (1993), S. 203ff.. Lebensstilanalysen eignen sich auch zur Erforschung von Motiven und Einstellungen sowie zur Bildung von Zielgruppen.

# SCHLUSSBETRACHTUNG

Wir wollen nun versuchen, aus der Vielfalt der Einzelergebnisse aus unseren Überlegungen einige übergreifende Gedanken herauszufiltern. Zum Abschluß wollen wir noch einmal auf die in Kapitel 1.3. aufgeworfene Frage zurückkommen, ob es Werbung tatsächlich gelingen kann, Konsumenten zu manipulieren.

## Psychologische Methoden und Konzepte zur Verbesserung der Werbung

Die "Psychologie der Werbung" stellt die bisherigen Theorien und Konzeptionen der Werbung nicht "auf den Kopf". Sie ist keine "neue Methode", die die bewährten Strategien und Techniken der Werbung und des Marketing abschaffen will. Die Werbepsychologie ist auch kein Geheimwissen zur Verführung von Konsumenten.

Die Werbepsychologie stellt einen Fundus an Wissen und Methoden bereit, auf den in verschiedenen Phasen der Konzeption, Umsetzung und Kontrolle von Werbestrategien und Werbemaßnahmen zurückgegriffen werden kann. Eine ganze Reihe von Beispielen hat uns gezeigt, daß die Berücksichtigung psychologischer Erkenntnisse die Wirkung der Werbung ganz erheblich verbessert. Was läßt sich hierzu als übergreifende Erkenntnisse der Werbepsychologie festhalten?

- *Empirisches Vorgehen*: Die wohl wichtigste Botschaft dieses Buches besteht darin zu zeigen, daß weder Werbeprofis noch Werbepsychologen "am grünen Tisch" wissen, was ihre Kunden für Wahrnehmungen, Wissen, Motive und Einstellungen haben. Wichtigste Erkenntnis ist also die, daß wir im Grunde "nichts wissen". Wir können aber etwas über unsere Kunden erfahren. Die Psychologie stellt ein überaus umfangreiches Instrumentarium zur empirischen Messung des menschlichen Erlebens und Verhaltens bereit. Einige wichtige Instrumente wurden hier vorgestellt. Die Werbetreibenden sind gut beraten, davon Gebrauch zu machen.

- *Strategische Grundlage:* Wenn man die einzelnen Ergebnisse inhaltlich "Revue passieren" läßt, fällt vor allem auf, daß es unmöglich ist, alle Empfehlungen auf einmal in einer Werbemaßnahme zu berücksichtigen und daß sich einige Empfehlungen sogar zu widersprechen scheinen.[148] Es wäre ein Mißverständnis zu glauben, man könne in der Praxis eine wissenschaftliche Erkenntnis so nehmen, wie sie ist, und sie einfach umsetzen. So einfach ist die Praxis nicht. Nicht die Wissenschaft gibt der Praxis vor, was sie zu denken hat, sondern die Praxis muß eine eigene Idee von der Konzeption und Richtung der Werbung entwickeln. Ausgehend von einem klaren strategischen Grundkonzept kann die Praxis dann auf Erkenntnisse, wie sie hier gesammelt wurden, zurückgreifen. Auch bei der Entwicklung der Strategie kann sie übrigens auf psychologische Erkenntnisse zurückgreifen.
- *Konzentration auf die relevanten Kunden und das Produkt:* Die Wahrnehmungs- und Lernprobleme, vor allem aber der Positionierungsgedanke weisen darauf hin, daß die Werbung auf "Spielereien", seien sie nun psychologischer oder kreativer Art, verzichten sollte. Statt dessen sollte die Werbung darauf ausgerichtet werden, eine bestimmte langfristige Positionierung zu erreichen. Die Positionierung sollte sich an den Motiven und Einstellungen der relevanten Zielgruppe orientieren. Bei der Umsetzung des Positionierungskonzeptes kommt es weniger darauf an, "tolle Bilder" oder aufregende "eye-catcher" zu zeigen, als den sachlichen und emotionalen Produktnutzen eindeutig zu kommunizieren und dabei den Vorteil (für die

148 Beispielsweise kann man empfehlen, den Text in einer Zeitschriftenanzeige möglichst kurz zu halten, um Wahrnehmung und Lernen zu erleichtern, man kann aber auch empfehlen, lange Texte abzudrucken, um den Anschein von objektiver Information zu erzeugen. Es kommt eben darauf an, was man mit der Werbung erreichen will!

Zielgruppenmitglieder, nicht allgemein) gegenüber Konkurrenzprodukten aufzuzeigen.[149]

- *Zusammenspiel von Emotion und Kognition:* Wie ein roter Faden zieht es sich durch alle Kapitel: Das Verhalten des Menschen, also auch seine Kaufentscheidungen, ist niemals rein "rational", aber auch nicht völlig "irrational". Die Gewichte sind allerdings unterschiedlich verteilt. Es wurden viele Anhaltspunkte dafür gefunden, daß Emotionen eine viel größere Rolle im menschlichen Erleben und Verhalten spielen, als man zunächst annehmen möchte. Die Werbung ist dementsprechend (bei den meisten Produkten) besonders auf emotionale Erlebnisse auszurichten. Es muß hier jedoch gewarnt werden: Kein Produkt wird völlig ohne kognitive Kontrolle gekauft. Auch dort, wo Emotionen besonders ausschlaggebend sind, werden krasse sachliche Nachteile des Produktes nicht auf Dauer übersehen werden.
- *Bildliche Kommunikation:* In der Ausführung der Werbung sollte besonders eine bildhafte Kommunikation angestrebt werden, weil Bilder besser wahrgenommen werden, weniger leicht vergessen werden, schneller verarbeitet werden, nicht nur Sachaussagen, sondern auch Emotionen vermitteln und die rationale Kontrolle eher unterlaufen. Die Untersuchungen haben jedoch gezeigt, daß es oft sehr schwierig (aber nicht unmöglich) ist, adäquate Bilder zu finden. Eine Bildaussage, die vom Werbeziel ablenkt, kann durch erläuternde Texte kaum "geheilt" werden.
- *Keine "Psychotricks":* Überrumpelungsversuche seitens der Werbung zahlen sich nicht aus. Man sollte weder die kognitive Kontrolle der Konsumenten noch die Abwehrmechanismen der Reaktanz unterschätzen. Wenn sich der Konsument betrogen fühlt, weil ihm die Werbung etwas vorgaukelt, das das Produkt

---

149 An dieser Stelle soll auf zwei Studien verwiesen werden, die beide ergaben, daß eine Werbung, die sich in ihrem Auftritt auf das Produkt konzentriert und die Marke differenziert, bessere Wirkungen auf Erinnerung (recall), Verständnis und Überzeugung entfaltet. Vgl. Steward/Koslow (1989) und Steward/Furse (1985 und 1986).

nicht hält, zerstört die Werbung das Vertrauen in das Produkt und die Marke.

**Eine kritische Anmerkung**

Auch wenn plumpe "Psychotricks" wenig Aussicht auf einen dauerhaften Erfolg in der Werbung haben, weisen die vorliegenden Ergebnisse dennoch darauf hin, daß Werbung die Möglichkeit hat, das Verhalten von Konsumenten (oder anderen Adressaten) so zu beeinflussen, daß die Beeinflußten sich dieser Beeinflussung nicht voll bewußt werden. Damit ist es der Werbung möglich, Konsumenten in gewissen Grenzen zu manipulieren. Besonders das Ansprechen von nur teilweise kontrollierbaren Emotionen eröffnet Manipulationsmöglichkeiten, denn

- ein Großteil der Käufe erfolgt gewohnheitsmäßig, impulsiv oder zufällig und ist somit kaum kognitiv kontrolliert,
- auch in aufwendigen Entscheidungsprozessen werden Emotionen in allen Phasen wirksam und führen zu verzerrter Wahrnehmung, ineffektiver Informationsverarbeitung, unzureichender Produktbeurteilung und formallogisch falschen Schlüssen, wobei
- die Wirksamkeit von Emotionen in Entscheidungsprozessen von den Personen selbst in der Regel weit unterschätzt oder sogar völlig verdrängt wird.

Der "souveräne" Verbraucher, der Werbebotschaften kritisch analysiert und frei seine Entscheidungen trifft, ist eine Beschönigung. Diese Erkenntnis mag für den einzelnen, der sich selbst als frei und selbstbestimmt erlebt, unangenehm und ernüchternd sein. Sie weist aber vor allem den Werbetreibenden eine nicht geringe Verantwortung für ihr Handeln zu. Sie sollte nicht länger wegdiskutiert werden.

# ABBILDUNGSVERZEICHNIS

# LITERATURVERZEICHNIS

Ajzen, J./Fishbein, M. (1980), Understanding Attitudes And Predicting Social Bahavior. Englewood Cliffs 1980.

Anastasi, A. (1973), Angewandte Psychologie. Weinheim (1973).

Anderson, J. C. (1978), The Validity Of Haire's Shopping List Projective Technique. Journal of Marketing Research, 15 (1978), S. 644-649.

Atkin, C. K. (1978), Observation Of Parent-Child Interaction In Supermarket Decision-Making. In: Journal of Marketing, 4/42 (1978), S. 41-45.

Axelrod, J. N. (1968), Attitude Measures That Predict Purchase. Journal of Advertising Research, 8 (1968), S. 3-18.

Bandura, A. (1971), Vicarious And Self-Reinforcement Processes. In: Glaser, R. (Hrsg.; 1971), The Nature Of Reinforcement. New York (Academic Press) 1971, S. 228-278.

Behrens, G./Hartmann, K. (1977) Werbepsychologie. München 1977.

Bergler, R. (Hrsg.; 1975), Das Eindrucksdifferenzial. Theorie und Technik. Bern 1975.

Bernhard, U. (1978), Blickverhalten und Gedächtnisleistung beim visuellen Werbekontakt unter besonderer Berücksichtigung von Plazierungseinflüssen. Frankfurt a. M. (Haag und Herchen) 1978.

Bither, S. W. (1972), Effects On Distraction And Consumer Behavior Analysis. Journal of Marketing Research, 9 (1972), S. 1-5.

Blair, E./Shimp, T. A. (1992), Consequences Of An Unpleasant Experience With Music. A Second-Order Negative Conditioning Perspective. In: Journal of Advertising, 21 (1992), S. 35-44.

Bleicker, U. (1983), Produktbeurteilung der Konsumenten. Würzburg (Physica) 1983.

Böcker, F. (1992), Marketing-Kontrolle. Stuttgart (Kohlhammer) 1992.

Bogardus, E. S. (1968), Measuring Social Distance. In: Fishbein, M. (Hrsg.), Readings In Attitude Theory And Measurement. New York 1968.

Brand, H. W. (1978), Die Legende von den geheimen Verführern. Kritische Analyse zur unterschwelligen Wahrnehmung und Beeinflussung. Weinheim (Beltz) 1978.

Brehm, J. (1966), A Theory Of Psychological Reactance. New York (Academic Press) 1966.

Brigitte/Gruner und Jahr (Hrsg.; 1979), Frauen-Typologie. Hamburg (Gruner und Jahr) 1979.

Charlton, P./Ehrenberg, A. S. C. (1976), An Experiment in Brand Choice. In: Journal of Marketing Research, 13 (1976), S. 152-160.

Dahlhoff, H.-D. (1980), Kaufentscheidungsprozesse in Familien. Empirische Untersuchung zur Beteiligung von Mann und Frau an der Kaufentscheidung. Frankfurt a. M. (Lang) 1980.

Davis, H. L./Rigeaux, B. P. (1974), Perception Of Martial Roles In Decision Processes. Journal of Consumer Research, 1 (1974), S. 51ff.

Duncker, K. (1938), Experimental Modifications Of Children's Food Preferenves Through Social Suggestion. Journal of Abnormal Social Psychology, 33 (1938).

Ebbinghaus, H. (1885), Über das Gedächtnis. Leipzig 1885.

Fazio, R. N./Zanna, M. P. (1978), Attitudinal Qualities Relating To The Strength Of The Attitude-Behavior-Relationship. Jornal of Experimental Psychology, 14 (1978), S. 398-408.

Festinger, L. (1957), A Theory Of Cognitve Dissonance. Stanford 1957. Deutsch: Theorie der kognitiven Dissonanz. Bern (1978).

Fishbein, M. (1963), An Investigation Of The Relationships Between Beliefs About An Object And The Attitude Towards The Object. In: Human Relation, 16 (1963), S. 233-239.

Fishbein, M. (1966), The Relationships Between Beliefs, Attitudes And Behavior. In: Feldman, S. (Hrsg.), Cognitive Consistency. New York 1966.

Fishbein, M./Ajzen, J. (1974), Attitudes Towards Objects As Predictors Of Sale And Multiple Behavioral Criteria. Psychological Review, 81 (1974), S. 59-74.

Fishbein, M./Ajzen, J. (1975), Belief, Attitude, Intention And Behavior. An Introduction To Theory And Research. Reading, Mass. (Addison-Wesley) 1975.

Foley, J. P. (1944), The Use Of Free Association Technique In Investigation Of The Stimulus Value Of Trade Names. Journal of Applied Psychology 28 (1944), S. 431-435.

Freud, S. (1905), Drei Abhandlungen zur Sexualtheorie. Gesammelte Werke Bd. 5. Frankfurt a. M. (Fischer) 1972 (Erstausgabe 1905).

Gutenberg, E. (1984), Grundlagen der Betriebswirtschaftslehre II. Der Absatz. Berlin (Springer) 1984.

Haber, R. N. (1981), The Power Of Visual Perceiving. In: Journal of Mental Imagery. 5 (1981) S. 1-40.

Hahnemann, P. (1974), Marktlücken. In: Marketing Enzyklopädie Bd. 2. München 1974.

Haire, M. (1950), Projective Techniques In Marketing Research. Journal of Marketing, 14 (1950), S. 649-656.

Haley, R. J. (1968), Benefit Segmentation. A Decision-Oriented Research Tool. In: Journal of Marketing, 7/1968, S. 30-35.

Hammond, K. R. (1948), Measuring Attitudes By Error Choice. An Indirect Method. In: Journal of Abnormal Psychology, 43 (1948), S. 38-48.

Hawkins, D. (1970), The Effects Of Subliminal Stimulation On Drive Level And Brand Preference. Journal Of Marketing Research 7 (1970) S. 322-326.

Heckhausen, H. (1989), Motivation und Handeln. Berlin (Springer) 1989.

Hemberle, G./von Kreitz, W. (1978), Verhaltenswissenschaftliche Verbraucherpolitik. In: Arbeitnehmer, 5 (1978), S. 190-200.

Hoffmann, H. J. (1972), Werbepsychologie. Berlin 1972.

Hofstätter, P. R. (1957), Gruppendynamik. Kritik der Massenpsychologie. Hamburg 1957.

Hofstätter, P. R. (1963), Einführung in die Sozialpsychologie. Stuttgart 1963.

Hofstätter, P. R./Lübbert, H. (1958), Bericht über eine neue Methode der Eindrucksanalyse in der Marktforschung. In: Psychologie und Praxis, 2 (1958), S. 71-77.

Homans, G. C. (1960), Theorie der sozialen Gruppe. Köln (Westdt. Verlag) 1960.

Jacobi, H. (1963), Werbepsychologie. Wiesbaden (Gabler) 1963.

Jaspert, F. (1963), Methoden zur Erforschung der Werbewirkung. Stuttgart 1963.

Jeck-Schlottmann, G. (1987), Visuelle Informationsverarbeitung bei wenig involvierten Konsumenten. Eine empirische Untersuchung mittels Blickaufzeichnung. Saarbrücken (Univ. Diss.) 1987.

Kaas, K. P. (1973), Diffusion und Marketing. Stuttgart (Poschel) 1973.

Katz, E./Lazarsfeld, P. F. (1962), Persönlicher Einfluß und Meinungsbildung. Wien 1962.

Kirsch, W. (1988), Die Handhabung von Entscheidungsproblemen. Einführung in die Theorie der Entscheidungsprozesse. München (Barbara Kirsch) 1988.

Klages, H. (1984), Wertorientierungen im Wandel. Rückblick, Gegenwartsanalyse, Prognosen. Frankfurt a. M. 1984.

Klages, H./Kmieciak, P. (Hrsg.; 1979), Wertwandel und gesellschaftlicher Wandel. Frankfurt a. M. 1979.

Klippstein, M. v./Strümpel, B. (Hrsg.; 1985), Gewandelte Werte - Erstarrte Strukturen? Wie Bürger Wirtschaft und Arbeit erleben. Bonn 1985.

Kmieciak, P. (1976), Wertstrukturen und Wertwandel in der Bundesrepublik Deutschland. Grundlage einer interdisziplinären empirischen Wertforschung mit einer Sekundäranalyse von Umfragedaten. Göttingen 1976.

Kroeber-Riel, W. (1987), Informationsüberlastung durch Massenmedien und Werbung in Deutschland. In: Die Betriebswirtschaft 47 (1987) Nr. 3, S. 257-264.

Kroeber-Riel, W. (1992), Konsumentenverhalten. München (Vahlen) 1992.

Kroeber-Riel, W. (1993), Strategie und Technik der Werbung. Verhaltenswissenschaftliche Ansätze. Stuttgart (Kohlhammer) 1993.

Kroeber-Riel, W./Mayer-Hentschel, G. (1982), Werbung - Steuerung des Konsumentenverhaltens. Würzburg (Physica) 1982.

Krugmann, H. E. (1965), The Impact Of Television Advertising. Learning Without Involvement. In: Public Opinion Quarterly 19 (1965). S. 349-356.

Lazarsfeld, P. F./Berelson, B./Gaudet, A. (1948), The Peoples's Choice. New York 1948.

Maslow, A. (1954), Motivation And Personality. New York (Harper) 1954.

Maslow, A. (1968), Various Meanings Of Trancendence. In: Journal of Transpersonal Psychology. 1 (1968), S. 56-66.

Maturana, H. R./Varela, F. (1986), Der Baum der Erkenntnis. Frankfurt a. M. 1986.

Mazanec, J./Wiegele, O. J. (1977), Zum praktischen Einsatz von Positionierungsmodellen in der Produktpolitik. In: Köhler, R./Zimmermann, H.-J. (Hrsg.; 1977), Entscheidungshilfen im Marketing. Stuttgart (Poeschel) 1977,S. 45-60.

McCelland, D. C./Atkinson, J. W. (1948), The Projective Expression Of Needs. I. The Effect Of Different Intensities Of Hunger Drive On Perception. Journal of Psychology 25 (1948), S. 205-222.

McDougall, W. (1908), Social Psychology. London (Methuen) 1908.

Meier, H. D. (1993), Strategische Marketing-Praxis. Die Grundlagen des Marketing und die klassischen Marketing-Instrumente. München (Unveröffentlichtes Seminarskript) 1993.

Meffert, H. (1977), Marketing. Einführung in die Absatzpolitik. Wiesbaden (Gabler) 1977.

Meffert, H. (1991), Marketing. Grundlagen der Absatzpolitik. Wiesbaden (Gabler) 1991.

Murray, H. A. (1938), Explorations In Personality. New York (Oxford) 1938.

Murray, H. A. (1938), Explorations In Personality. New York 1938.

Nerdinger, F. (1990), Lebenswelt Werbung. Eine sozialpsychologische Studie über Macht und Identität. Frankfurt a. M. (Campus) 1990.

Nieschlag, R./Dichtl, E./Hörschgen, H. (1980), Marketing. Berlin (Duncker & Humbolt) 1980.

Noelle-Neumann, E. (1978), Werden wir alle Proletarier? Zürich 1978.

Noelle-Neumann, E./Strümpel, B. (1984), Macht Arbeit krank? Macht Arbeit glücklich? Eine aktuelle Kontroverse. München 1984.

Osgood, C. E./Suci, J./Tannenbaum, P. H. (1957), The Measurement Of Meaning. Urbana 1957.

Packard, V. (1957), The Hidden Persuaders. New York (McKay) 1957; Deutsch: Die geheimen Verführer. Düsseldorf (Econ) 1992.

Paivio, A. (1971), Imagery And Verbal Processes. New York (Holt Rinehard & Winston) 1971.

Porter, M. E. (1989), Wettbewerbsvorteile. Spitzenleistungen erfolgreich erreichen und verteidigen. Frankfurt (Campus) 1989.

Rosenstiel, L. v., Psychologie der Werbung, Erstausgabe 1968, Komar, Rosenheim

Rosenstiel, L. v. (1992) Grundlagen der Organisations-psychologie. Stuttgart (Schäffer Poeschel) 1992.

Rosenstiel, L. v./Ewald, G. (1979), Marktpsychologie. Bd. 2. Psychologie der absatzpolitischen Instrumente. Stuttgart (Kohlhammer) 1979.

Rosenstiel, L. v./Nerdinger, F. W./Spieß, E./Stengel, M. (1989), Führungsnachwuchs im Unternehmen. Wertkonflikte zwischen Individuum und Organisation. München (Beck) 1989.

Rosenstiel, L. v./Neumann, P. (1991) Einführung in die Markt- und Werbepsychologie. Darmstadt (Wissenschaftliche Buchgesellschaft) 1991.

Rosenstiel, L. v./Stengel, M. (1987), Identifikationskrise? Zum Engagement in betrieblichen Führungspositionen. Bern 1987.

Rost, D. (1993), Pawlows Hunde. Die Legende von der beliebigen Manipulierbarkeit des Menschen. Stuttgart (Dt. Verlags-Anstalt) 1993.

Roth, G. (1987), Erkenntnis und Ralität. Das reale Gehirn und seine Wirklichkeit. In: Schmidt, S. J. (Hrsg.), Der Diskurs des radikalen Konstruktivismus. Frankfurt a. M. (Suhrkamp) 1987.

Rothschild, M. L. (1987), Marketing Communications. Lexington, Mass. 1987.

Schobert, R. (1980), Positionierungsmodelle. In: Diller, H. (Hrsg.; 1980), Marketingplanung. München (Vahlen) 1980, S. 145-161.

Schönpflug, W./Schönpflug, U. (1989), Psychologie. Allgemeine Psychologie und ihre Verzweigungen in Entwicklungs-, Persönlichkeits- und Sozialpsychologie. München (Psychologische Verlags Union) 1989.

Schreyögg, G. (1984), Unternehmensstrategie. Berlin (Springer) 1984.

Shepard, R. N. (1967), Recognition Memory Of Words, Sentences And Pictures. In: Journal of Verbal Learning and Verbal Behavior 6 (1967), S. 156-163.

Sherif, M. (1935), A Study Of Some Social Factors In Perception. In: Arch. Psychol. 1935.

Smith G. H./Engel, R. (1968), Influence Of A Female Model On Perceived Characteristics Of An Automobile. In: Proceedings of the 76th Annual Convention of the American Psychological Association, S. 681-682.

Spiegel, B. (1961), Die Struktur der Meinungsverteilung im sozialen Feld. Bern (Huber) 1961.

Spiegel, B. (1970), Werbepsychologische Untersuchungsmethoden. Berlin 1970.

Starch, D. (1960), How Does Reception of Advertisements Affect Readership? Starch Tested Copy, 89 (1960).

Sternthal, B./Craig, S. C. (1982), Consumer Behavior. An Information Processing Perspective. Engelwood Cliffs, New York (Prentice Hall) 1982.

Steward, D. W./Furse, D. H. (1985), The Effects Of Television Advertising Execution on Recall, Comprehension and Persuasion. In: Psychology and Marketing, 2 (1985), S. 135-160.

Steward, D. W./Furse, D. H. (1986), Effective Television Advertising. A Study Of 1000 Commercials. Lexington, MA (Lexington Books) 1986.

Steward, D. W./Koslow, S. (1989), Executional Factors And Advertising Effectiveness. A Replication. In: Journal of Advertising, 18 (1989), S. 21-32.

Strümpel, B. (1977), Die Krise des Wohlstands. Stuttgart 1977.

Strümpel, B. (1980), Interkulturelle Differenzen wirtschaftlichen Verhaltens. In: Hoyos, C. Graf/Kroeber-Riel, W./Rosenstiel, L. v./Strümpel, B. (Hrsg.), Grundbegriffe der Wirtschaftspsychologie. München 1980, S. 569-576.

Strümpel, B./Kuss, A./Curtin, R. (1980), The Use And Potential Of Customer Anticipatins Data In The Member Countries Of The European Community. Second report. Berlin 1980.

Summers, J. O. (1970), Less Information Is Better? In: Journal of Marketing Research, 11 (1974), S. 467-468.

Thorelli, H. B./Thorelli, S. V. (1977), Customer Information Systems And Consumer Policy. Camebridge, Mass. (Ballinger) 1977.

Thorndike, E. L. (1913), The Psychology Of Learning. New York 1913.

Troldahl, V. C. (1966), A Field Test Of A Modified "Two-Step Flow Of Communication" Model. In: Public Opinion Quarterly, 30 (1966), S. 609-623.

Trommsdorff, V. (1975), Die Messung des Produktimage für das Marketing. Köln (Heymann) 1975.

Trommsdorff, V. (1993), Konsumentenverhalten. Stuttgart (Kohlhammer) 1993.

Trux, W./Müller, G./Kirsch, W. (1984), Das Management strategischer Programme. 1. Halbbd. München (Barbara Kirsch) 1984.

Vershofen, W. (1940), Handbuch der Verbrauchsforschung. Berlin 1940.

Vroom, V. H. (1964), Work And Motivation. New York (Wiley) 1964.

Weinberg, P. (1992), Erlebnismarketing. München (Vahlen) 1992.

Wind, Y. J. (1982), Product Policy. Concepts, Methods And Strategy. Reading, Mass. 1982.

Witt, D. (1977), Blickverhalten und Erinnerung bei emotionaler Anzeigenwerbung. Eine experimentelle Untersuchung mit der Methode der Blickaufzeichnung. Saarbrücken (Univ. Diss.) 1977.

Yi, Y. (1990), Cognitive And Affective Priming Effects Of The Context Of Print Advertisements. In: Journal of Advertising, 19 (1990), S. 40-48.

Yoell, W. A. (1954), Make Your Advertising Themes Match Consumer Behavior. In: Printers' Ink, 238 (1952).

ZAW Zentralverband der deutschen Werbewirtschaft (Hrsg.; 1994), Werbung in Deutschland. Bonn (Verlag edition ZAW) 1994.

Zielske, H. A. (1959), The Remembering And forgetting Of Advertising. Journal of Marketing 23 (1959), S. 239-243.